圖解

不需算式的
物理學

水崎高浩◎著

張萍◎譯

前言

「如果我能看得比別人遠，那是因為我站在巨人的肩膀上。」

　　這是非常著名的物理學家——牛頓（1643～1727）所說過的話。有些天才雖然能夠在藝術、哲學、文學等領域創作出相當傑出的作品，然而他們卻並非是在完全「沒有」的狀態下，突然有傲人成就的。他們大多是憑藉過去所累積的經驗，進而逐漸發展出來的成果。牛頓所說的這句話，正是想要表達如此的涵義。值得一提的是，這句話並非牛頓的原創，他只是將前人所說過的話換個方式再說一次。

　　這世界上有許多的事情，都是直接或間接師法過去的歷史，而有今日的面貌。科學及物理的世界當然也不例外。本書希望能將物理學相關的內容以簡單易懂的方式介紹給大家。內容主要是從 17 世紀以牛頓為首的物理學開始介紹，直至 20 世紀初的相對論及量子論。

　　本書將為你解說從物理學的誕生至牛頓力學、相對論為止的一切。序章是從物理學形成的概括思想觀點，以此來看物理學誕生的歷史過程。因此，第 1 章之後即是從學習已完成之物理學理論開始，捨棄歷史的輾轉曲折，直接開啟以合理形式出現的物理學大門。

　　本書希望能讓非理工科系出身的讀者更貼近物理，因此儘可能不使用算式。藉此期望能讓更多人理解近代甚至是現代社會中，極為重要的知識——即物理學的思考模式。

水崎高浩

目錄

CONTENTS ——————————————————————

Column 專欄

歡迎來到
物理學的世界

　　物理學，不只是一種知識，而是勇於揭開嶄新世界的學問。本章中將帶你概括性瞭解物理學的動態性變遷情形，即物理學在形成過程中所經歷的錯綜複雜問題，如何演變成可用來釐清自然現象本質的學問。

提倡「非常理假說」的
物理學家們

物理學家們經常會跳脫常理，建立大膽且非常理的假說，以追求自然的真理。

■ 自然界所安排的謎題

物理學是一種將複雜的自然現象理論化的學問。物理學家所抱持的信念是「不論看起來多麼複雜的自然狀態，實際上應該都能用物理法則釐清。」因此，物理學家們進行了將近 400 年的物理研究。

物理學的歷史好像都在不斷解答自然界所巧妙安排的複雜謎題。自認為解決了許多困難的問題後，以為「已經完全解開謎題」卻又會發現「其實是又跳到另一個新問題的入口」，一邊感嘆「這真是巧妙的伏筆呀！」心裡竟也開始欽佩自然界的惡作劇。

到目前為止，物理學家們都是在鑽研哪些問題？而他們又是如何開拓新世界的呢？讓我們藉由回顧物理學的歷史，一起來了解物理學的思考模式吧！

■ 「非常理的假說」

以自然本質為主軸，貫穿本書內容的關鍵字為「非常理假說」（hypothesis）以及「常理」。「非常理」這個詞是用來形容超出一般社會所理解之觀念或思考模式，也就是不符合「常理」，而且是人類的五感皆無法理解的事物。

自然的真理不一定能夠以過去所證實之理論或感覺來闡述。從歷史的角度來看，「常理」有時候會造成災難，例如，有很多人僅解釋了部

分自然現象，卻認為自己已經解釋了全部。更嚴重的是，人類因為倫理的影響，曾經有一陣子只接受自己認同的自然現象。

為了窺探自然的本質，物理學家們會先建立大膽的假說，以嚴密的理論導出幾個結論，再將該等結果以實驗或觀察的方式進行比較。若能夠解釋得通，則該假說就會成為理論，而這些理論集合起來就成了物理學。

在這樣的過程中，最重要的就是能夠建立出符合自然本質的大膽假說。然而，這些被「常理」所束縛的人們，卻可以見到「非常理」的狀況。在此，我們將這樣的假說稱為「非常理假說」

■第 1 次的變革

在物理學的歷史中，「常理」被「非常理假說」顛覆過無數次。

第一次最大的變革是發生在中世紀末期的 16 世紀。哥白尼（Nicolaus Copernicus，1473～1543）、開普勒（Johannes Kepler，1571～1630）、伽利略（Galileo Galilei，1564～1642）等，他們都是屬於那個年代的物理學家。他們提出一些新見解，逐步顛覆當時以神學為中心的思想。在中世紀世界，基督教會的舊體制基礎是社會倫理的核心，甚至也是科學的核心。因此，基督教徒開始強烈捍衛自己的體制。端看該過程，諷刺的是竟然讓人覺得「究竟什麼是物理？」

■第 2 次的變革

第 2 次的變革是在物理學發展中悄悄地進行的。牛頓（Isaac Newton，1643～1727）提出「物體在受力作用下，將如何運動」的物理定律，然後完成了牛頓力學。物理學將物體看成許多的粒子，因此牛頓力學亦被稱為粒子物理。

此外，同一時期，惠更斯（Christian Huygens，1629～1695）等學

者讓「光波理論」首次曝光。當時，牛頓與惠更斯曾經就「光波實體」的部分引起爭論。結果，在光波實體方面還是「光波理論」較有優勢。

隨後，虛構物質「乙太」的概念產生後，乙太的存在成為一種「常理」。然而，到了 19 世紀末，經實驗證明其實乙太並不存在。

■ 第 3 次的變革

第 3 次的變革是在 20 世紀初期發生的，可以說是物理學界最大的一次革命。當時有兩種物理學興起，一種是想要成功持續維持 200 年以上的物理學；另一種則是想要藉由「非常理假說」來顛覆已經成為「常理」的牛頓力學等物理學。

其中一個是愛因斯坦（Albert Einstein，1879～1995）的相對論。他針對光的速度方面提倡「非常理的假說」，因而創造出時間、空間的新興物理學。另一個則是透過包含愛因斯坦等許多物理學家所共同創造出的量子論。

$^0_2$ 第 1 次變革
奇妙且嶄新的假說所引發的中世紀末之戰

16 世紀後半到 17 世紀前半期，這些奇妙的假說雖然在基督教之間引起了相當大的波瀾，但卻成為現今物理學的基礎。

■ 最初的「非常理假說」

最初的「非常理假說」是於 1543 年由哥白尼所提出。他在臨死前發表了《天體運行論》，其中出現了「地球是以太陽為中心進行圓周運動」的地動說。此說法對於當時仍對天動說深信不疑的人們而言，是相當稀奇且跳脫常理的。

然而，這樣的說法也衝擊了中世紀的教會。

■ 中世紀的天文學

受基督教支配的中世紀，認為以神學為中心的觀念性哲學與思考才能稱做「常理」。這些是自西元前四世紀左右，以亞里斯多德（西元前 384～西元前 322）的學問所建立的思想。當時，人們皆認為「世界分為地與天，天上就是神的世界。」占星術則是能夠獲得神的資訊的代表，所以人們相當關心這些恆星與行星的運行狀態。

西元 2 世紀左右，托勒密（Claudius Ptolemaeus，100 年左右～170 年左右）將這些天文學知識系統化。並且彙整出「地球是靜止於宇宙的中心，其周圍圍繞著行星」的天動說。托勒密的天動說表示「行星是以地球為中心，並以相同速度繞著地球運轉。」

以圓表示「完整程度」是源自希臘的觀念，對於受到基督教支配的中世紀來說也是一種常理。因此，對「圓周運動」來說，亦是相當重要

的概念。然而，此概念並無法代表實際上的行星運動。托勒密僅成功顯示出，各個行星以地球為中心獨立進行圓周運動，亦即從地球看到的行星運動。

這樣的天動說相當符合當時的「常理」，並且具有相當程度的實用性，因此其後約莫 1400 年間，中世紀的基督教時代仍以此作為「常理」。

哥白尼的「非常理假說」

中世紀時，人們皆認為「地球是宇宙的中心，太陽與行星皆繞著地球運轉。」當時，哥白尼卻提出了「地球本身會運轉」的「非常理假說」。

哥白尼的假說被當時深具「常理」思維的人們質疑，「假如地球是繞著太陽運轉，且地球本身又會自轉運動，那麼運轉應該就會產生速度，所以當我們從高塔丟下一顆球，球就應該不會掉在直線落下的地方，而是會落在和地球自轉、公轉相反方向的地方吧？」然而，要解答這個問題還必需等待伽利略的發現。

雖然哥白尼藉由敏銳的觀察力提出了地動說，然而不知道是否連他也被「圓一定是完整的」希臘常理所束縛，因而將行星的軌道表示成以太陽為中心的「圓形」。當然，如此並不能完全代表實際的行星運動。哥白尼的地動說還必需要有周轉圓理論來支撐。

開普勒的「非常理假說」

開普勒打破了「圓是一種特別的完整存在」的「常理」。他使用泰戈（Tycho Brahe，1546～1601）的觀測數據，特別是研究火星運行方面的數據，透過大量計算後，於 1609 年發現了橢圓形軌道。由於此橢圓形假說，而使得周轉圓理論變得毫無用處，進而讓地動說變得簡單化。

　　據說開普勒是因為一直無法好好研究圓形，在經過幾次實驗錯誤後，最後只好採用在數學處理上，圓形以外的簡單圖形，因而發現了橢圓形。然而「行星軌道是橢圓形的」想法，對於當時深信行星軌道為圓形的人們而言，應該會覺得這些「非常理假說」很奇怪吧！

　　不過，若要證明橢圓形軌道的假說，還必需要有牛頓的理論來支撐。你可能會覺得物理學越來越不可思議了，直到牛頓的物理學登場為止還要等待約 70 年的歲月。

伽利略
（1564～1642）

■ 伽利略的「非常理假說」與不幸的命運

伽利略首次用望遠鏡觀察夜空時，即發現月亮上有許多凹洞，而木星周圍有許多環繞的衛星，太陽上有黑子並進行自轉運動。

這些發現從現代的角度來看都是再正常不過的事情。然而，對於當時的中世紀而言是屬於神的時代，因此就當時的「常理」來說，神所居住的天是非常完整的，和地面上的我們截然不同。伽利略卻透過望遠鏡窺視，並發現天與地實際上都一樣不完整。所以，這些假說不只被認為是「非常理」，也被批判為褻瀆神的危險思想。

■ 「天體是完美無缺的」

基督教所支配的中世紀是以「天體是完美無缺」的概念性「真理」來支配學術界的。這些就是絕對的「真理」，沒有必要去思考其正確與否。也就是說，沒有必要去懷疑、驗證其正確性。因此，只要偏離此真理的都是異端份子。

如此一來，以「絕對正確」為前提所架構的學術系統中，如果無法勘正其錯誤，那麼新的思維也就無法被承認。

■ 「透過實驗與觀察，了解自然界的原始面貌」

為此，伽利略說「透過實驗與觀察，了解自然界的原始面貌。」因此，他從當時的「常理」中，發明了非常理學問的方法。將那些被廣大民眾深信不疑的「常理」，降格為可驗證的「假說」。

比方說，當時民眾深信約 2000 年前亞里斯多德的運動理論。亞里斯多德雖然說過「物體落下的速度會和其本身重量成正比」，然而伽利略卻不這樣認為。他進行實驗後發現，即使落下的物體重量不同，其落下的距離與時間的平方成正比。

此外，亞里斯多德曾說過「物體靜止是一種回到原本狀態的自然運動。」的確，身邊的物體在當時都是靜止的，因此這是一個很容易令人接受的思維。然而，伽利略卻不這樣認為。伽利略發現「物體只要沒有外力介入，就不會改變其運動狀態。」這樣的說法和亞里斯多德的想法有所出入，伽利略的意思是說「運動中的物體，會以同樣速度持續運動。」

因此，伽利略的想法在當時被認為是「非常理假說」。

伽利略與地動說

伽利略又進一步支持哥白尼與開普勒所提出的地動說。然而，以聖經所記載的正當性來說，地動說是個絕對不會被認同的假說。

地動說被認為是一種威脅基督教存在的危險思想，其不僅是非常理的假說，而且根本就是邪魔歪道。隨後，認同哥白尼的說法，認為「每顆夜空中閃耀的行星都是屬於太陽系」的義大利思想家喬爾丹諾・布魯諾（Giordano Bruno，1548～1600）被處以火刑。而在基督教核心——義大利提倡地動說的伽利略，也於1616年受到宗教審判，被要求放棄地動說的言論。當時，哥白尼的地動說的書籍被列為禁書，並且禁止人民談論地動說。雖然伽利略為了避免遭受到和布魯諾相同的極刑，暫時做出妥協，但之後又以地動說與天動說的雙方立場，撰寫了一本《天文對話》，於1632年出版。書中，伽利略還是站在地動說的立場，因此，隔年他又再度受到宗教審判，晚年則被幽禁於佛羅倫斯郊外的自宅。

雖然伽利略命運多劫，但是他所發現的「以實驗為基礎之定量分析法」以及「以數學法則捕捉自然現象之方法」已經成為今日科學的基礎，並且帶給後世相當大的影響。

■笛卡兒的危險思想

有名哲學家笛卡兒（René Descartes，1596～1650），對於中世紀的學問相當失望，他批評「書中的學問都僅是概述，並無法實際有所證明，只不過是收集許多人的意見，再彙集而成的學問罷了。」（取自《方法導論》（*DISCOURS DE LA METHODE*））。因此，他立志要建構新的學問。而他的思維也對近代科學思想帶來莫大的影響。

笛卡兒的中心思想是「所有事情都要從懷疑開始。」其思想帶有「懷疑的方法」的真髓。與伽利略相同，他們都想去探究學問的本質。這種跳躍式思考「首先，要從沒有人可以否定自己所理解的部分開始，從不斷演譯中累積理論基礎來理解全部。」若是欲探討的問題特別困難時，則應該「盡可能將問題細分為許多小部分後再來思考。」在此，我們已經可以窺見近代科學思想的原點。特別是持續累積的理論架構和「將困難的問題分解」的思考方法，已經成為物理學方法論的核心。

另一方面，物理學中也有與笛卡兒思想有所差異的部分。例如，物理學並非是從自己所理解的部分開始，而是由不受常理束縛、透過大膽且跳躍的思考方法，其所獲得的「非常理假說」開始的。之後，再透過實驗及觀測方法來驗證這些由理論，以及數學來導出結論的正確性。即使在近代科學中，這些仍是屬於物理學的獨特之處。

■公開發表的猶豫

笛卡兒的先進思想也再度被基督教視為異端。也就是說，如同哥白尼的書成為禁書、布魯諾遭受極刑、伽利略被幽禁一般，笛卡兒也受到來自基督教的施壓。1633 年 7 月，他準備將接近完成的自然學《世界體系》公開出版；然而，傳聞笛卡兒好像是因為聽說伽利略受到宗教審判，因此打消出版的念頭。

　　之後，他雖然在 1637 年發表了《方法導論》，然而比較起來其思想好像隱藏於自由的荷蘭之中。

■牛頓登場

　　16 世紀後半至 17 世紀前半，哥白尼、開普勒、伽利略、笛卡兒等人，他們都與擁護舊思維的亞里斯多德學派對峙的情況下，逐漸將物理學成形。他們藉由實驗與觀測來分析自然現象，並將該結果以數學法則解析，而這種方法也已經成為今日物理學的基礎。

　　接著，換站在這些巨人肩膀上的牛頓登場了。

笛卡兒
（1596～1650）

亞里斯多德	
西元前 4 世紀	出生於馬其頓，為柏拉圖的學生。
托勒密	
2 世紀後半	發表《天文學大成》。彙整出以地心說為核心的宇宙體系。
哥白尼	
1543 年	發表《天體運行說》。
布魯諾	
1600 年	被處以火刑。
開普勒	
1600 年	成為丹麥天文學家第谷・布拉赫的助手。
1609 年	發表《新天文學》。
1619 年	發表《世界的和諧》。
伽利略	
1609 年	製作望遠鏡，並利用其進行天體研究。
1610 年	發現環繞木星的衛星、土星的光環、月球表面凹凸、太陽黑子等。
1616 年	受到宗教審判，命令其放棄地動說理論。
1632 年	出版《天文對話》。
1633 年	第二次的宗教審判。
1638 年	於荷蘭出版《關於兩種新科學的對話》。
笛卡兒	
1618 年	因對數學以外的學問失望而離家遠行。在荷蘭遇到科學家畢克曼（Isaac Beekman），受到強烈的影響，於是開始用數學進行自然研究。
1619 年	著名的「火爐房冥思」。
1633 年	雖然完成《世界體系》，卻打消發表的念頭。
1637 年	發表《方法導論》。

$^0_3$ 第2次變革
近代科學發展中所累積的矛盾

牛頓力學雖然使物理學急速發展,然而乙太相關的光線問題卻越來越嚴重。

■「我不提出假說」(牛頓)

繼伽利略之後,藉由實驗與觀測方式使得近代科學開始萌芽,然而繼承該思考模式的卻是牛頓。牛頓與伽利略一樣皆是捨棄無法用正常邏輯理解的假說,期望藉由自然現象來驗證理論。「我不提出假說」這句話正是牛頓表達自己立場的名言。若是自然現象無法驗證,「假說」就只不過是一個「假說」罷了。從假說所導出之結果,要先經由實驗或觀測等實際驗證後,才能成為已受驗的「真理」。

牛頓提出了創造近代科學的重大理論。而那也絕對不僅是一種「假

牛頓
(1643～1727)

說」，而是可以解釋當時所有眾所皆知的自然現象的「真理」。令人驚訝的是，牛頓所發現的「真理」經過 200 年，到了 19 世紀末仍可以持續解釋所有的自然現象。接下來，我們就來探討牛頓所發現的真理究竟為何吧！

■「運動方程式」

如同前述，我們透過伽利略已經知道「若物體沒有外力介入時，就會持續原有的運動狀態。」但是，「若有外力介入時，物體又會如何運動？」牛頓針對該問題，給了一個明快的答案：「若有外力介入時，物體會產生與該力量大小與作用力成正比的加速度。」這被稱為牛頓的運動方程式。該方程式衍生了許多偉大的近代科學成果。

那麼，請問「牛頓的運動方程式」是否是「非常理假說」呢？答案是，當時還無法分辨加速度的概念是否為「常理」。所謂加速度是用來表達「速度如何變化」的量。然而，可以顯示出「量」在時間方面如何變化的數學——微積分學，在當時尚未出現。牛頓的運動方程式已經大幅超越當時的常理。牛頓在 1666 年發明了今日被稱做微積分的「流率法」，並藉此發明了運動方程式。

然而，該運動方程式也會產生違反人類原始直覺的結果。例如，想要讓汽車前進時，可以踩油門讓輪胎轉動，當輪胎與地面產生摩擦力時，就會產生加速度而使速度加快，讓汽車前進。那麼，環繞在地球外圍的太空船又該如何是好呢？當他們想要回地球時，要是朝地球的方向以推進裝置加速，反而會使太空船離地球越來越遠。然而，若是對於牛頓的運動方程式有所了解，則該結果是可以預測的。

運用運動方程式以數學方式表示時，可以明確得知以直覺作為基礎考察的危險。因此，為了處理物體的運動情況，分析其運動方程式即可明白其正確的方向性。

■ 探求自然法則的美感

牛頓也發現「所有的東西都會互相吸引」，也就是萬有引力。因此，若以萬有引力去思考地球與太陽、地球與月亮之間的互動，則地球與月亮的運動亦可以藉由運動方程式來解釋。不需要像開普勒一樣發現橢圓運動。也就是說，若要了解行星運動，只要知道萬有引力與運動方程式即可。當然運動方程式不僅適用於行星運動，亦適用於地球上所有物體的運動。

因為牛頓的發現及其理論的成功，之後的物理學者皆確信「自然現象背後存在著普遍的成立法則，並且可以採用方程式更簡單明確地呈現。」然而，將自然的本質以方程式的方式呈現，尚須琢磨其中能令人覺得有「美感」的感性部分。

萬有引力普遍適用於各種情況，就連庭院中滾動的小石頭都有引力存在。雖然這是普遍適用的物理法則，但是仍需要實驗來驗證。於是，卡文迪什（Henry Cavendish，1731〜1810）進行檢測，然後再度確認物理法則的普遍適用性與其美感。不喜歡社交的卡文迪什，他的研究都在自己家中的實驗室進行，因此，據悉還有許多研究成果尚未公諸於世。

■ 物理學的擴大 —— 人類中心主義之展現

牛頓力學是指「若是能夠得知對物體作用的外力程度，即可藉由運動方程式得知該物體受力後的位置。」中世紀時期，不論是行星運行或物體落下等物體變化，皆屬於神所賜予的東西。藉由牛頓力學，這些卻成為人類可以預測的東西。因此，牛頓力學可以說是展現人類中心主義思想的一種學說。

此外，透過牛頓力學可以了解，運動中的物體最初位置與速度之「初期條件」、作用力的「原因」，以及未來物體的位置等「結果」。也就是說，牛頓力學秉持著「有因就有果」的因果論，這種容易讓人理

解的理論架構。人們認為若仿效牛頓力學，然後建構出更多相同架構的物理學，即可以拓展物理學的適用範圍，並且擴大人們可以理解的自然範圍。實際上，該思想也的確拓展了人類在氣體、液體（總稱流體）相關現象，以及電、磁現象方面的知識範疇。

■ 流體現象與電‧磁現象

流體現象到了 18 世紀由歐拉（Euler Léonard，1707～1783）及伯努利（Daniel Bernoulli，1700～1782）建立了流體力學。由於流體無法成為一種物體，因此無法直接適用於牛頓的運動方程式。然而，他們卻以與運動方程式相同的架構來思考，並且創造出能決定流體未來狀態的方程式。

另一方面，電與磁的現象到了 19 世紀更被深入地理解。1820 年，漢斯安徒生（Hans Christian Ørsted，1777～1851）偶然發現當磁針接近有通電的電線時，能夠接受到來自電流的力，這才發現電與磁的現象並非是各別現象，它們有著密切的關係。以此為契機，法拉第（Michael Faraday，1791～1867）與安德烈安培（André-Marie Ampère，1775～1836）等人開始活躍了起來，使得電磁學急速地發展。

如上述所說，17 世紀到 19 世紀時，物理學的範疇被擴張得更大了。然而，物理學並不只有學問範疇擴大而已，其背後對於事物的看法也產生了相當大的變化。

■「乙太」

前面敘述了牛頓物理學的成功及其發展。然而，在物理學形成的過程中，還有其他的體系存在。而另一個體系則是從亞里斯多德開始的。

亞里斯多德認為世界上不可能會有「空虛」，意即「真空」是不可能存在的。地球上的物質是由「水」、「土」、「空氣」、「火」等，

四種基本原素所組成，而天體上的世界則是由第五原素「乙太」所構成。此一想法成為中世紀的「常理」。

亞里斯多德的想法，從 16 世紀一直持續和其他物理學者奮戰，直到 17 世紀初他過世為止。然而，其中只有「乙太」，還可以藉由笛卡兒繼續傳承下去。笛卡兒也討厭真空，他認為宇宙是由包覆微小漩渦的「乙太」物質所填滿的；因此提倡「力量是藉由乙太傳播出去的」的漩渦理論。笛卡兒或許見過畫家梵谷所繪製關於被捲入南法的密史脫拉風（mistral）漩渦的「星夜」或者「有絲柏的道路」等作品吧！

笛卡兒的「漩渦理論」，從現代的觀點來看，它是完全沒有常識的理論。然而，實際上它卻並非沒有意義，因為該理論與「場」的思考方法有關。

■ 光實體狀態的兩個立場

笛卡兒認為「力是藉由填滿於空間內部的乙太來傳遞的。」這和牛頓認為「分離的物體間，在沒有任何理由下，力量亦可以作用」的萬有引力想法分歧。笛卡兒的想法雖然因為牛頓萬有引力的成功而消失，然而惠更斯（Christian Huygens，1629～1695）卻以稍微不同的形式繼承了笛卡兒的思想。

惠更斯更進一步發展可與牛頓敵對的虎克（Robert Hooke，1635～1703）的光的波動說，並以一般性的方式說明波的曲折與反射現象，提倡惠更斯原理。此外，「如聲音震動空氣的傳播現象般，若光線也有波，應該也是某種物質震動的傳播現象。」惠更斯認為那個物質就是「乙太」。另一方面，牛頓也藉由三稜鏡（prism）來研究光，因而提倡光是有實體的「粒子說」。假若光是一種粒子的話，那麼就沒有乙太存在的必要性了。

▌19 世紀末的迷團

　　牛頓雖然以「在分離的物體之間，力量亦可以作用。」用來代表萬有引力，然而卻沒有說明為何分離的物體之間可以產生作用力。身邊的力量都是藉由接觸傳遞的，但是只有萬有引力不同。後來，除了萬有引力之外，電與磁的能量也被發現，因此，分離的物體之間可作用的力量也增加了。

　　法拉第在此發揮了優異洞察力。他認為「電與磁的力量無法直接於分離的物體間進行作用，而是要透過『空間中的某種東西』來傳達作用力」，因此法拉第專研於電力線（即電場線）、磁力線（即磁感線）的研究後，完成了可直接感受到，並且擁有具體傳播力量的模型。

　　另外，馬克斯威爾（James Clerk Maxwell，1831～1879）借助流體的形式，彙整電與磁的思考模式後，成功地將電磁現象以理論且統一的方程式來表達。於是，使用該方程式即可得知電與磁如同波般的傳遞現象，亦即預測電磁波的存在。之後，馬克斯威爾又發明了光的電磁波（之後亦將電磁波單純稱做光）。因此，他認為傳遞電磁波的物質即為乙太。

　　被預測到的電磁波是由赫茲（Heinrich Hertz，1857～1894）藉由實驗於 1888 年發現的。一方面意味著電磁學的完成，一方面也可以說是發現乙太的存在。然而，麥克爾遜（Albert Michelson，1852～ 1931）進行乙太與地球之相對速度觀測後，卻提出了否定乙太存在的實驗結果。因此，出現許多有關該實驗的議論，乙太再度面陷入迷團時期。

■ 19 世紀，物理學可以完全解釋所有事物？！

19 世紀末，物理學中雖然有好幾個問題圍繞著乙太打轉，但從牛頓力學、流體力學、電磁學、波動力學、熱力學等多方面進展下，物理學的理論系統也逐漸完成。因此被大眾認為「物理學已經可以完全解釋現今及自然界的所有現象了。」然而，這只不過是過度自信罷了！

馬克斯威爾
（1831～1879）

牛頓	
1665 年	英國倫敦瘟疫大流行，大學停課，牛頓因而回到故鄉。同年啟發了他「光譜分析」、「微積分」、「萬有引力」等想法。
1672 年	入選為皇家學會院士。發表光的粒子說。
1687 年	發表《自然哲學的數學原理》。
惠更斯	
1678 年	發表以波動為基礎的惠更斯原理。
伯利努	
1738 年	著有「流體力學」。
歐拉	
1755 年	發現流體的運動方程式。
漢斯安徒生	
1820 年	發現電流周圍的磁針會震動。
安德烈安培	
1822 年	發現安培定律。
納維	
1826 年	導出可表現實際流體狀態納維－斯托克斯（Navier－Stokes）方程式。
法拉第	
1831 年	發現電磁誘導體。
馬克斯威爾	
1864 年	完成電磁學。
麥克爾遜	
1887 年	麥克爾遜和莫雷實驗後，提出否定世界上有乙太存在之結果。
赫茲	
1888 年	發現電磁波。
洛倫茲	
1893-1895 年	為了解釋麥克爾遜和莫雷的實驗，他提出了空間收縮之假說。

20 世紀初物理學的兩大革命

04

愛因斯坦從光速問題中，發現有關「時間與空間」的新物理學「相對論」。

■ 關於光的性質的「非常理假說」

從 19 世紀末混亂的乙太假說中，誕生了新的物理學。

雖然可以從赫茲實驗中明確得知「電磁波可以遠距傳播」，然而慎重思考後卻發現，此實驗仍無法證明，電磁波是否經過乙太震動後才會傳播出去。另一方面，麥克爾遜等人的實驗是欲證明「若是乙太充斥於宇宙之中，地球又在宇宙中運轉，則測量光的速度即可了解地球與乙太的相對速度。」但是，實驗的結果卻發現其相對速度為零。因此證明了宇宙中並沒有乙太的存在。然而，這些物理學家卻無法輕易認同此事。

洛倫茲・費茲傑羅（Lorentz FitzGerald，1853～1928）從電磁學的性質提出「乙太雖然存在，但是絕對觀察不到。」這樣的奇妙理論。不過，既然無法藉由實驗來驗證乙太的存在，即無法稱為物理學。然而，後來卻從該想法中發現另一種「空間收縮」的有趣思考方向。

在此狀況下，針對乙太提出最具「非常理假說」的是愛因斯坦。他認為乙太並不存在。他提出光速不會因為地球的運轉方式改變，因而建立「光速恆定」的「非常理假說」，使得物理學理論再次被重新建構。

■ 新物理學誕生

「光速恆定」是一件隱密的事實，相當不符合當時的常理。以「常理」解釋的話，若在時速 200 公里的新幹線中，以時速 10 公里跑步，時速應該會變成 210 公里。然而，光並沒有遵從該規則。若該相對速度

的計算理所當然成立的話，則伽利略的發現與牛頓的運動方程式都會被徹底瓦解。不過，愛因斯坦認為該原理才是真正的自然本質，應該去思考由該理論所演譯出的所有內容。

此結果令人相當吃驚。而且，以此思考方式竟然能將所有理論連貫起來。然而，該理論提出藉由觀測者的運動，所發現的時間流及空間長度會有所變化。跑步者的時間會比靜止的人的時間慢。不過，我們一般認為所有的人都有共同的時間流存在，因此該理論的確錯了。進一步探討該理論，我們發現微小的質量中，也可能會有大量的能量存在。雖然是以質量的形式存在，卻和能量一樣是一種無形的概念。因此互相會有所變化。這理論被稱為特殊相對論（或稱狹義相對論）。

■ 與乙太訣別

當我們了解所有的原因後，再回顧 19 世紀末理論混亂的原因，就會發現一切都很簡單。牛頓力學用在近距離的速度方面是完全正確的，但是，對於像光速般極快的速度上則又破綻百出。另一方面，雖然 19 世紀所完成的電磁學在本質上是可以用來說明光速，然而傳播光震動的卻不是乙太，而是一直沒被注意到，並且什麼都沒有的真空。

從亞里斯多德開始直到笛卡兒，各個學者皆因為思考乙太的事情，而使得物理學的思想變得越來越深入且豐富。然而，與乙太訣別後，即要有另一個可以讓思考飛馳的對象才行。

事實上，與「光」相關的問題不僅此而已。20 世紀初期，原子的世界日益明朗。那也是「光」在本質上所展現出來的成果。先前敗給惠更斯「波動說」的牛頓「粒子說」將再次登場，光的本質看起來像是融合了波動說與粒子說，有著相互矛盾的奇妙存在。

■非常理的宇宙觀念

以「光速恆定」原理為基礎的特殊相對論,可以讓大家了解速度中的光速是有上限的。意思就是「分離的物體之間,有瞬間的作用力。」這件事情是不可能的。牛頓的萬有引力雖然被視為常理而持續了 200 年以上,然而到此卻發生了很基本的問題。萬有引力必需如電磁學般以「傳播空間」的形式表現。

愛因斯坦將此問題重新建構後,於 1916 年,他發表了一般相對論(或稱廣義相對論)。該理論提出「只要物質存在,就會扭曲週遭時空。」此理論適用於整個宇宙,也讓世人了解宇宙的膨脹、收縮會因為時間的大小而有所變化。人們到目前為止都將宇宙視為哲學性或者宗教性的範疇,從來沒有將其視為科學。也從來沒有科學的方法得以處理宇宙這個議題。然而,此時終於出現可以用來表達宇宙狀態的方程式。以愛因斯坦的理論為中心,讓人們對於宇宙的了解更為深入,能藉此可說明宇宙是由於 137 億年前的大爆炸所形成的,這使大爆炸(Big Bang)理論更為明朗化。

目前為止,我們已經藉由「非常理假說」的觀點,了解到物理學的發展歷史。物理學雖然是一門相當精緻且據理論性的學問,然而唯有建立起步用的假說,才能超越常理、接近自然本質。這和藝術家的創作一樣,必須要有靈光乍現的跳躍。在此我們引用愛因斯坦所說過的話,揭開本書的序章。

愛因斯坦	
1905 年	發表特殊相對論。
1916 年	發表一般相對論。
1919 年	藉由一般相對論所預言的太陽光偏折現象，皆已利用日蝕現象觀測成功。
1921 年	獲得諾貝爾物理學獎。

Das erfinden ist kein werk das logischen denkens.

Wenn auch das endprodukt an die logische gestalt gebunden ist.

Albert Einstein

發明並非理論性思考的產物。

而是最終產出的結果，將與理論相結合。

愛因斯坦

愛因斯坦
（1879～1955）

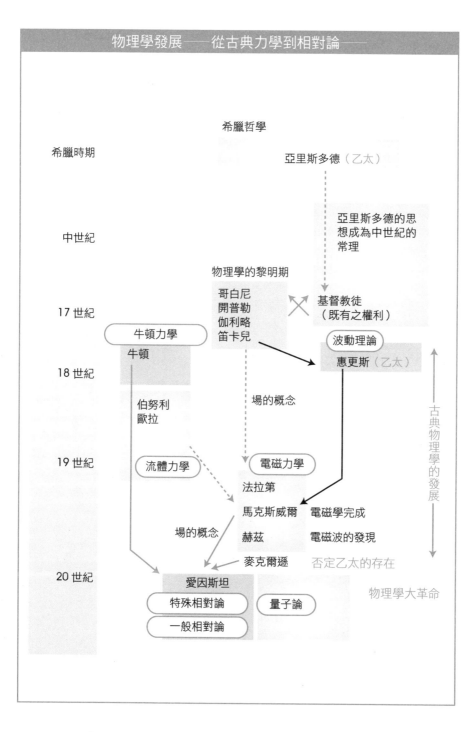

第 1 章

運動定律

物體運動應該會有存在一些定律吧？物體沒有受到作用力的運動定律，則是由伽利略所發現的「慣性定律」；物體受力時的運動定律，則是由牛頓發現的。物理學就是從這些物體的運動定律展開的。

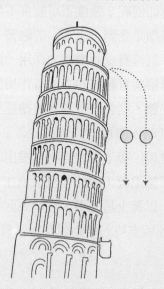

慣性定律

　　沒有受到作用力時，靜止的物體會保持靜止不動；受到某種速度作用而運動的物體，則會保持等速，並且持續運動。

■ 伽利略的發現

　　觀察週遭的現象，我們總是抱持著「運動中的物體，一段時間後即會自行停止」的想法。希臘哲學家亞里斯多德也認為「物體會靜止只是回到原有狀態的一種自然運動。」然而，這樣的想法其實並不正確。運用理論來討論物體運動的 17 世紀學者 —— 伽利略。使得物理學自此正式展開。

　　先來思考如圖 1-1，下坡後以水平移動，再度上坡的情形。下坡時，由於受到地球重力吸引，速度會增加。相反的，上坡時速度則會減緩。那麼，在中央水平面時，又會如何呢？速度不可能會不增不減吧？

　　實驗後發現，速度之所以會減緩是受到「摩擦」的影響。只要降低摩擦速度就不會降低。也就是說，若沒有受到摩擦力作用，則水平面上的速度會維持不變。透過這樣的考察與實驗得知「沒有作用力時，靜止的物體會保持靜止不動；運動的物體，則會保持等速持續運動。即，靜者恆靜，動者恆動。」這就是伽利略所發現的「慣性定律」。

　　伽利略還有許多重要的科學發現。接下來會說明他提出的「自由落體法則」。此外，伽利略還發明了望遠鏡，因此發現環繞在木星周圍後來被稱作伽利略衛星的四顆衛星，以及土星光環、月球表面的凹洞、太陽黑子等。除了這些發現之外，他所支持的地動說亦相當有名。

　　伽利略的名字原文為 Galileo Galilei，有時用 Galileo；有時則被標

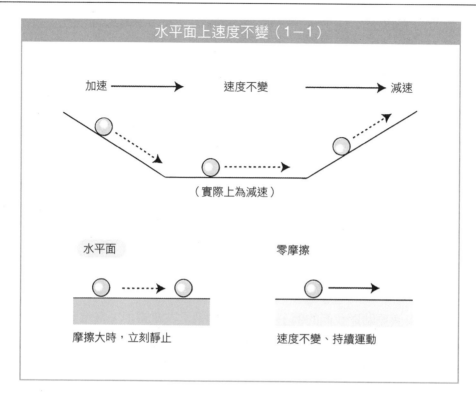

水平面上速度不變（1－1）

加速 　　　　　 速度不變 　　　　　 減速

（實際上為減速）

水平面 　　　　　　　　　　　 零摩擦

摩擦大時，立刻靜止 　　　　　 速度不變、持續運動

記為 Galilei。Galilei 在義大利文中是 Galileo 的複數，用來表示 Galileo 家族。因此，Galileo Galilei 這兩個字即是指 Galileo 家族中的 Galileo。

慣性定律與生活週遭的現象

　　在我們的生活週遭，亦可以實際感受到慣性定律的存在。冬季奧林匹克運動會中備受矚目的「冰壺（Curling）運動」，就是一個很好的例子。該比賽必須將一個被稱為 Stone 的石頭放在冰上使其滑行，並且讓該石頭在最接近目標的地方停止。參賽者利用刷子在 Stone 滑行時，摩擦它前方的冰面，使冰面溶解，以減少摩擦力，讓 Stone 得以在一定的距離中滑行。

1

運動法則

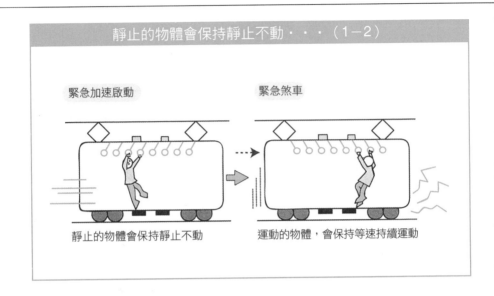

緊急加速啟動　　　　　　　　緊急煞車

靜止的物體會保持靜止不動　　運動的物體，會保持等速持續運動

　　另一個更貼近我們的例子是，當我們站立在電車中，電車急速啟動的情形。當電車靜止時，站立的乘客會依慣性定律，亦維持靜止不動。然而，當電車緊急加速啟動的瞬間，那一股推動電車前進的力量，就會透過電車車內地面與鞋子的摩擦力傳達到腳部。此時，該作用力從腳部傳達到上半身會產生些許的時間差。也就是說，當時上半身仍依慣性定律維持靜止不動，只有腳部和電車一起運動。因此，身體就會像快要跌倒一樣的擺動。緊急停車時亦相同；電車欲停止的力量也會以摩擦力的方式透過腳部傳達到上半身。同樣的，上半身仍依慣性定律以先前的速度持續運動，只有腳部被急速停止。因此上半身就會像被拋出去一樣。

　　因此，繫緊安全帶即是為了防止緊急煞車時，身體被拋出去，而使身體與汽車受到相同的力量。在飛機上扣緊安全帶同樣也是為了遇到不穩定氣流使飛機急速下降時，使身體與飛機可以受到同樣力量，讓頭部不致於撞到飛機內部天花板，而發生危險。

1.2 運動方程式

物體受力時，會產生加速度，並使速度產生變化。

■ 牛頓的發現

　　牛頓活躍於迄今約 350 年前（誕生於 1634 年），他是一位家喻戶曉的物理學家。牛頓最大的發現之一即是「運動方程式」。運動方程式，是用來描述物體如何運動的方程式。因此，得以用正式且毫無曖昧的通則來描述自然本質。

　　此外，在牛頓尚未活躍之前，有名的哲學家笛卡兒即提倡機械論的自然觀點，並以「數學才是各種學問的基礎」為近代科學思想的架構做準備。例如，X－Y座標即是由笛卡兒所提倡的。在此時代背景下，牛頓的運動方程式便以數學的形式粉墨登場。

　　若用文字來說明「運動方程式」，即是指「加速度大小與作用力成正比」。當作用力為零時，加速度亦為零。所謂加速度是指速度變化的比率。若沒有施加作用力，速度則不變。這是由伽利略發現的「慣性定律」。後來，運動方程式中亦包含慣性定律的影子。

　　「加速度與作用力成正比」的描述雖然簡單，然而其中必須包含加速度的變化量概念，這是較為困難的部分。為了表現出量的變化，就要使用到數學的「微分」。事實上，在牛頓的時代尚未出現這類數學算式，因此牛頓認為要發明微分與積分。若想要以專業的角度來學習物理學，就一定得學習微積分等數學的理由即在此。然而，本書並不深入這些數學算式，僅針對物理學的想法與結果進行探討。

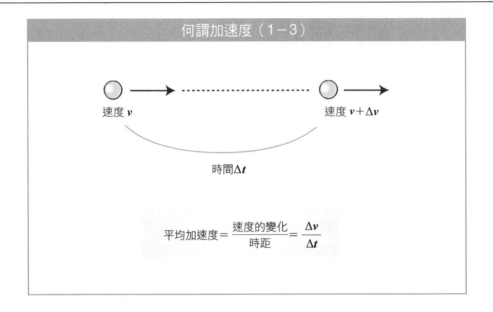

何謂加速度（1－3）

速度 v　　速度 $v+\Delta v$

時間 Δt

$$平均加速度 = \frac{速度的變化}{時距} = \frac{\Delta v}{\Delta t}$$

■ 運動方程式

　　關於如何藉由「運動方程式」得知未來物體運動狀態的方法。首先，為了將運動方程式以算式表示，就必須使用下述的記號。作用力的英文是 force，因此以 F 表示；加速度為 acceleration，則以 a 表示。F 與 a 的比例關係，用係數 m 表示，因此運動方程式就表示為 $F = ma$。比例係數的 m，實際上是用來表示「重量」。然而，「重量」容易和日常用語搞混，因此在物理學中稱為「質量（mass）」。

　　使用運動方程式 $F = ma$，從作用力 F 來求加速度 a 就會變得很簡單了。然而，若想要以加速度 a 來求速度及位置，就必須要藉由數學的「積分」計算。

　　所謂加速度是指速度的變化，因此若能在現時點的速度加上變化所需時間，然後再加上加速度，即會是下一個瞬間的速度。不斷在加速度上，再加上「下一個瞬間的速度」，直到下一個瞬間的時間點即可。若想要知道目前的位置也是用同樣的方法。先決定目前時間點的位置與速

運動方程式（1-4）

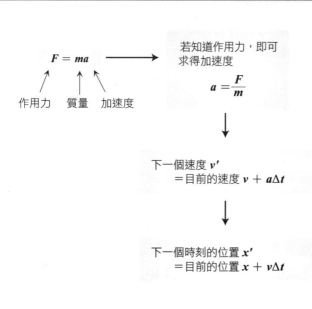

$F = ma$

作用力　質量　加速度

若知道作用力，即可求得加速度

$$a = \frac{F}{m}$$

下一個速度 v'
＝目前的速度 $v + a\Delta t$

下一個時刻的位置 x'
＝目前的位置 $x + v\Delta t$

度，由於速度是指位置的變化，因此下一個瞬間的位置只要能夠滿足變化所需時間的速度即可。

彙整上述內容如下。若想要得知未來物體的運動狀態，首先，必須要明確得知物體所受的作用力與目前時間點的位置與速度。使用運動方程式即可以從物體所受的作用力求得加速度，接下來則用數學的計算過程求出時間的位置與速度。反覆計算後，即可求得物體未來運動的狀態。當然，以同樣的方式也可以求得物體過去的運動狀態。

¹3 自由落體

在地面上，物體會因為地球吸引而落下。這被稱為自由落體，非關物體的質量，落下的方法皆相同。

■關於「落下」的單純想法

直覺上，越重的物體落下速度應該越快。的確，亞里斯多德也曾經這麼想。然而，這樣的想法並不正確。比方說，我們以下述的方式來思考，即可明白其中的道理。我們假設「物體越重，越快速落下。」那麼，較輕的物體 A 與較重的物體 B 比較起來，應該是物體 B 落下的速度較快。接著，我們將物體 A 與物體 B 以繩子綑綁在一起，成為物體 C。由於物體 C 比物體 A 或物體 B 都來得重，因此，物體 C 應該會以更快的速度落下吧！然而，僅在落下速度較快的物體B上，再將物體A綁上，就可以加快落下速度，這不是很奇怪嗎？這樣一想，我們即可以了解越重的物體，其落下速度並不會較快；落下的速度和質量沒有關係。實際上，生活週遭物體的落下速度其實並不相同，因為還會受到空氣阻力的影響。所以必需明確地區分空氣阻力與落下的基本條件。

最先發現到這點差異的是伽利略。他觀察了自由落體，發現落下的速度與質量並無相關。並且他還發現落下的距離與時間的平方成正比。接著 1564 年，誕生在義大利比薩城的伽利略，於有名的比薩斜塔上進行落體實驗，以此向世人證明。

■由運動方程式計算自由落體

　　若可以知道物體的作用力，即可藉由牛頓的運動方程式得知該物體的運動狀態。因此，就可以求得物體在自由落下時的狀態。

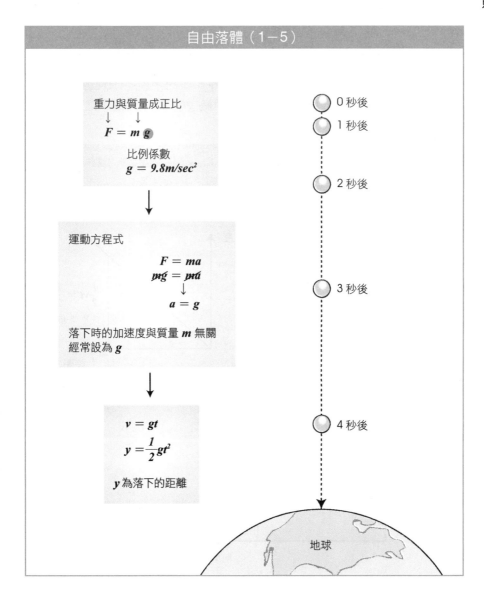

自由落體（1-5）

重力與質量成正比
↓　　　　↓
$F = m\,g$

比例係數
$g = 9.8m/sec^2$

運動方程式
$$F = ma$$
$$\cancel{m}g = \cancel{m}a$$
↓
$$a = g$$

落下時的加速度與質量 m 無關
經常設為 g

$$v = gt$$
$$y = \frac{1}{2}gt^2$$

y 為落下的距離

0 秒後
1 秒後
2 秒後
3 秒後
4 秒後

地球

首先，我們可以利用運動方程式 $F = ma$，從作用於物體的力 F 求得加速度 a。在自由落體的情況下，作用力 F 是指地球的重力。由於重力和物體質量 m 成正比，因此若將該比例係數設為 g，則可以表示為 mg。套用運動方程式後發現 $mg = ma$，亦即 $g = a$。也就是說，物體落下時的加速度 a 與其質量無關，a 會變成 g。比例係數 g 是重力（gravity）的縮寫，稱作為<u>重力加速度</u>。

　　接著，依據數學的計算程序，從加速度來求出速度與位置。所謂加速度是指速度的變化，在自由落體的情況下，其變化比率經常以 g 來表示。再者，落下速度可藉用時間 t，表示為 gt。此外，落下之距離如圖

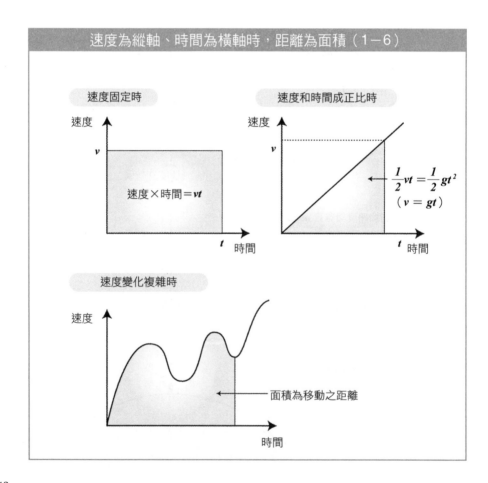

速度為縱軸、時間為橫軸時，距離為面積（1－6）

速度固定時

速度×時間＝vt

速度和時間成正比時

$\dfrac{1}{2}vt = \dfrac{1}{2}gt^2$
（$v = gt$）

速度變化複雜時

面積為移動之距離

1-6 所示的三角形的面積，即為 $\frac{1}{2}gt^2$。實驗發現，重力加速度 g 約為 9.8m/s^2，因此若使用落下距離之計算公式，就會發現不論重量多少，假設在沒有空氣阻力的情況下，便可以計算出最初的第一秒會落下 4.9m。

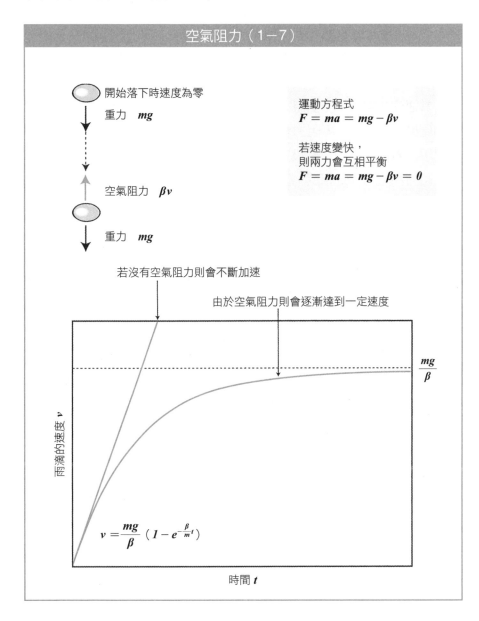

空氣阻力（1-7）

開始落下時速度為零

重力　mg

空氣阻力　βv

重力　mg

運動方程式
$F = ma = mg - \beta v$

若速度變快，
則兩力會互相平衡
$F = ma = mg - \beta v = 0$

若沒有空氣阻力則會不斷加速

由於空氣阻力則會逐漸達到一定速度

$\frac{mg}{\beta}$

雨滴的速度 v

$v = \dfrac{mg}{\beta}\ (1 - e^{-\frac{\beta}{m}t})$

時間 t

雨和雪的降落速度

　　若將降落的雨滴與雪視為自由落體的話，速度應該會非常之快吧！然而，實際上，由於空氣阻力相當大，因此不會產生太快的速度。那麼，「空氣阻力」又該如何處理呢？這樣的運動狀態亦可以帶入牛頓的運動方程式來求出答案。此時，我們只要明確知道空氣阻力所產生的力量即可。

　　當速度為零時，空氣阻力亦為零；當速度變快時，空氣中會產生劇烈的碰撞，而使得空氣阻力變大。比方說，在空氣阻力與速度成正比的情況下，若將其比例係數設定為 β，則空氣阻力以 $-\beta v$ 表示。這是因為空氣阻力和重力 mg 相反，因此加上「$-$」符號。接著，在考慮空氣阻力的狀況下，作用力 F 等於 $mg - \beta v$，因此運動方程式 $F = ma$ 就會變成 $mg - \beta v = ma$。

　　由於要解說這個部分會有點複雜，因此，將速度與時間變化狀況以圖 1－7 表示。看圖 1－7 我們可以發現，物體速度越快、空氣阻力就越大，因此越難加速，此外，當達到某個速度之後，速度即無法再增加。也就是說，加速度 a 為零時，$mg - \beta v = 0$。可將該計算式變形為 $v = \dfrac{mg}{\beta}$，則可以簡單計算出最終的速度 v。此外，由於該計算式中 m 代表質量，所以也可以得知當下小雨時，由於雨滴較小則落下速度較慢；傾盆大雨時，雨滴較大則落下速度較快。

　　如此一來，若考量到空氣阻力，物體的實際運動狀態也可以用牛頓的運動方程式來解答。

$1\atop4$ 伽利略相對性原理

在電車中觀察物體的運動，不論該電車正在以固定速度行駛或者靜止，觀測後的結果皆相同。這是為什麼？

伽利略的相對性原理

試著讓一顆球在時速 200 公里的新幹線車內落下。讓車內的人（觀測者），可以確實看到球落下。在新幹線車內讓球落下的情形和在地面

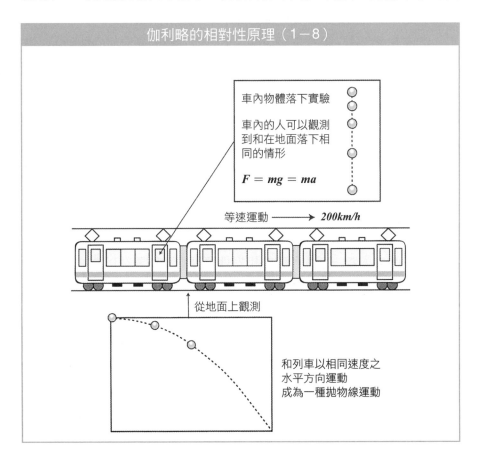

伽利略的相對性原理（1－8）

車內物體落下實驗

車內的人可以觀測
到和在地面落下相
同的情形

$F = mg = ma$

等速運動 ⟶ *200km/h*

從地面上觀測

和列車以相同速度之
水平方向運動
成為一種拋物線運動

上落下之情形完全相同。然而，對於從車外往新幹線車內眺望，並且靜止不動的人（觀測者）來說，他們所看到的是該球落下，並且和新幹線以相同的速度進行水平移動吧！

不論是新幹線車內的人（觀測者）或是球，都和新幹線的電車一起往相同的方向、以相同的速度運動。因此，只要減低新幹線的速度，即可產生與靜止時同樣的現象。以這樣的方式思考的話，則可以理解「所謂觀測物體運動，是觀測者所觀測到的相對速度。」

我們開始想要了解「地面上」具有哪些特殊的意義，還有在高速度下對於動態的物體又有什麼特殊意義。然而，在等速運動的交通工具中，其所產生的現象，與靜止於地面上所產生的現象完全相同。這稱為「伽利略相對性原理」，是用來表達物理現象的基礎。

如第 0 章所述，篤信天動說的人們，並不認同哥白尼的地動說。其理由之一是因為「如果地球並非靜止不動，而是以相當快速的動作運轉，那麼地球上的人與物就會被拋向與地球運轉的相反方向。」當時這些人若能理解「伽利略相對性原理」就不用太擔心了！為了讓地動說能夠被認同，除了要讓他們知道地球是以太陽為中心運轉外，還要讓他們能夠正確地了解運動定律。

▓ 伽利略轉換

讓我們來思考一下伽利略的相對性原理吧！物體在以速度 v 行駛的新幹線內落下之現象，我們將地面上觀測者之座標以（$x-y$）表示，車內則以（$X-Y$）表示。此時，由於新幹線是以水平方向行駛，沒有受到垂直方向運動之影響。因此，$y = Y$。此外，水平方向只有經過時間 t，而新幹線只有移動 vt，因此 $X = x - vt$。這樣的算式稱之為伽利略轉換。

那麼，運動方程式 $F = ma$ 在各狀況下又會有怎樣的變化呢？首先，作用力 F 不論在車內或是地面上之重力皆相同，因此為 mg。此外，

加速度是指速度的變化，因此只要新幹線以一定的速度行駛，那麼加速度 a 就會相同。也就是說，不論在任何情況下，運動方程式皆為 $mg = ma$。這就是指「運動方程式不會受伽利略轉換影響。」亦可說伽利略轉換具有更具體的表現方式。

如上所述，「即使觀察運動的立場不同，也不會改變運動方程式的形式。」雖然是有些抽象的事實，但卻是從自然現象中尋找出自然法則的重要指標。雖然伽利略轉換只有減法的算式，既簡單也無從被懷疑。實際上卻包含著更深遠的真理。這部分我們將會在第 6 章時敘述。

拋物線運動

從地面上投擲物體，則該物體會進行拋物線運動。

水平投擲物體

將投擲物體的軌跡描繪成一條拋物線。此運動被稱為「拋物線運動」。我們將拋物線運動區分為水平方向與垂直方向的運動。用水平方向投擲物體時，由於投擲後不會再有作用力，因此物體會依慣性定律以固定的速度持續運動。另一方面，以垂直方向投擲時，物體會因為受到重力影響而落下。

依伽利略的相對性原理來看，水平投擲物體時，若觀測者和被投擲之物體以相同固定的速度及方向運動，則該物體水平方向的速度為零，且該運動則會被視為「自由落體運動」。在此情形下，拋物線運動在水平方向投擲時，則是以固定速度運動；垂直方向時則是以自由落體方式運動。

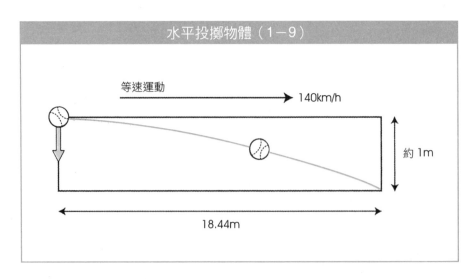

水平投擲物體（1－9）

等速運動

140km/h

約1m

18.44m

例如，在棒球場上，投手與捕手的距離為 18.44 公尺。那麼，當投手以時速 140 公里的水平方式投球時，則需花費約 0.47 秒才能讓捕手接到。此外，此時球落下的距離為 $\frac{1}{2} \times 9.8 \times (0.47)^2$，約為 1 公尺。

傾斜投擲物體

以相同速度投擲，仰角為幾度時的飛行距離最遠呢？傾斜投擲物體時，由於該作用力只有重力，因此會和水平方式投擲物體時，所使用的運動方程式相同。不同的只有運動起始時的方向。然而，就算運動方程式相同，只要最初的條件改變，則相對應的運動型態也會跟著改變。最初的起始位置與速度也可以說是運動方程式的「初始條件」。

傾斜投擲物體之拋物線軌跡，如圖 1－10 所示。該情況下也可以將其區分為水平方向與垂直方向來思考。物體朝水平方向前進時，是以等

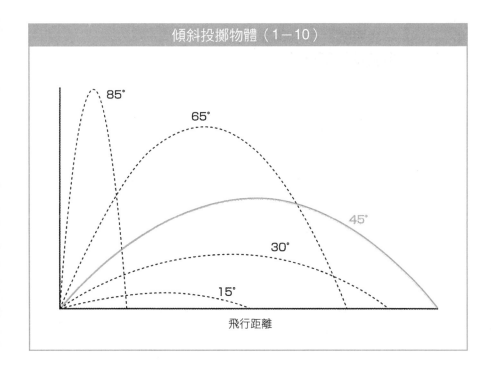

傾斜投擲物體（1－10）

飛行距離

速來運動。另外，投擲出去時，物體會先行上升，然後因為重力而使得上升速度變慢，當速度為零時，就會開始落下。如此一來，物體的高度可以用時間的二次方表示，投擲物體的所有軌跡可以描繪成一條拋物線。不論仰角接近正上方、或者水平方向，其飛行距離都不會變長。

為了能夠正確得知在何種角度下的飛行距離最長，必須將飛行距離以仰角 θ 來表示。實際上去計算運動方程式，即可得知飛行距離和 $sin2\theta$ 成正比。因此，以 45°投擲時的飛行距離最長。所以用球棒擊球時，萬一讓球飛得太高，則會讓球無法飛得更遠；仰角過小時，球則會在地上滾動。在不考慮空氣阻力的情況下，仰角 45°會讓飛行距離達到最遠。

此外，若想要求得有作用力下的運動軌跡，也可以計算運動方程式來得知物體的運動狀態。

《我是貓》中，貓咪所說的 牛頓運動方程式

《我是貓》這本小說是夏目漱石的代表作之一。但是，你們知道牛頓也有出現嗎？

不只是出現牛頓的名字，書中的貓甚至還說出牛頓的運動方程式。引用書中那段文字：「牛頓第一運動定律如是說，若有其他作用力加入，則原本運動中的物體會以等速直線前進。」這是伽利略的慣性定律。也被稱為「牛頓第一運動定律」。

此外，「牛頓第二運動定律即每日運動之變化，與其所增加之作用力成正比，然而，該作用力卻是從直線運動方向所產生的。」這彷彿也是運動方程式的內容呢！

$\overset{1}{6}$ 慣性力

與沒有進行「等速運動」的物體一起運動，即可以感受到加速度變化所產生的力量。

慣性力

我們觀測受到作用力的物體，即可以理解何謂「加速度運動」。那麼，若與該物體一起運動又會如何呢？舉例來說，請問在加速電車內所產生之現象，觀測者從電車外觀察，或是從電車內觀察，兩者之間到底有何不同？

首先，我們若是站在靜止的地面上來觀察，當然會覺得電車有在加速。這是由於電車受到 F 作用的結果，因此產生加速度 a，此時可以用運動方程式 $F = ma$ 來思考。

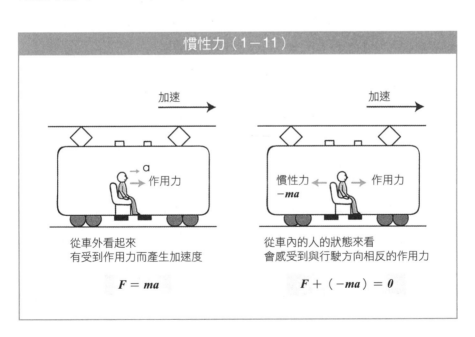

慣性力（1-11）

從車外看起來
有受到作用力而產生加速度

$$F = ma$$

從車內的人的狀態來看
會感受到與行駛方向相反的作用力

$$F + (-ma) = 0$$

另一方面，我們以在車內與電車一起運動的狀態來觀察，觀察者雖然是靜止的，不過，由於觀測者會感受到與電車行駛方向相反的作用力，因此會有被拉扯的感覺。若僅在該狀態下考量作用力，則可以將作用力視為「表面的力量」。由於電車加速度為 a，因此作用力的大小可以表示為 $-ma$。記號「－」是用來表示作用力與加速度 a 逆向。也就是說，$F = ma$ 的公式在電車中必須解釋為 $F + (-ma) = 0$。

此情況下的表面作用力稱為「慣性力」。之後我們會用「離心力」及「柯氏力」來解釋慣性力。

圓周運動與離心力

以繩子綑綁物體，然後拉住繩子的一端使物體轉動。此時，對物體的作用力是來自繩子的拉力，並且是一股向著中心迴轉的力量。從運動方程式所導出的加速度也會和作用力同樣朝向中心位置。

從目前的速度來看，若是能夠再知道加速度以及所花費的時間，就可以得知下一個瞬間的速度。如圖 1－12 所示，此時迴轉的速度除了會越來越快之外，還有方向的問題，因此會較為複雜。持有方向與速度大小的量，在數學中稱之為向量（德文：Vektor），並以箭頭符號表示。迴轉物體的速度向量，其加速度的向量會如圖中所示增加，並且其方向會朝中心變化。如果持續轉動下去，速度的向量則會朝向圓的切線方向。亦即圓周運動是指朝著圓心方向且持續加速的加速度運動。

如上述所示，雖然可以藉由運動方程式求得物體隨時變化的運動狀態，但是計算起來會有些複雜。因此，以慣性力的立場來看，也就是和迴轉物體一起動作的立場來看，圓周運動必須要面對向心力以及反方向的離心力，其兩力相互拉扯及均衡的問題。若要求得離心力 $-ma$，則必須先求得圓周運動的加速度 a，再加上 m。計算方面，當半徑為 r、速度為 v 時，其加速度為 $\frac{v^2}{r}$，離心力為 $m \cdot \frac{v^2}{r}$。因此，我們可以得知

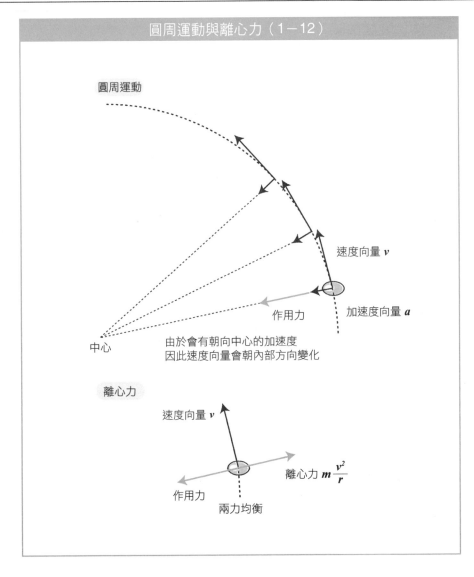

圓周運動與離心力（1－12）

圓周運動

速度向量 v

作用力　加速度向量 a

中心　由於會有朝向中心的加速度
因此速度向量會朝內部方向變化

離心力

速度向量 v

離心力 $m\dfrac{v^2}{r}$

作用力

兩力均衡

半徑 r 越大、離心力越小；半徑越小、離心力則會越大，會與速度 v 的平方成正比，而越來越大。

　　例如，機車急速轉彎的時候，因為迴轉半徑較小，向外的作用力就會較大。因此，必須將機車往迴轉的中心方向傾斜，以維持平衡。

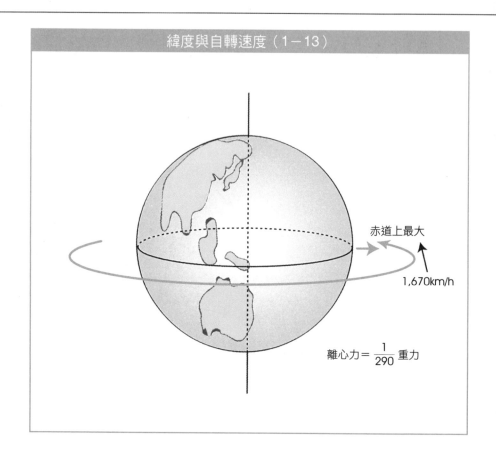

緯度與自轉速度（1－13）

赤道上最大

1,670km/h

離心力 ＝ $\dfrac{1}{290}$ 重力

■ 地球自轉所造成的離心力

　　地球每天自轉一次。由於本身迴轉速度相當緩慢，且地球的半徑約有 6378 公里，因此赤道上的速度約為時速 1,670 公里。而該速度對於火箭發射至宇宙相當有幫助。因為若能夠讓火箭依地球自轉的方向發射，則可以借用地球自轉的速度。然而，由於地球上的人們都是以同樣速度朝同樣方向運動，所以幾乎不會感受到自轉的速度。話雖如此，由於是圓周運動，應該會產生離心力才對。我們若用加速度來計算離心力，即可以發現地球上具有最強離心力的地方是在赤道上，為 $0.0337 \mathrm{m/s^2}$。和重力加速度 g 的 $9.8 \mathrm{m/s^2}$ 比較起來，約僅有 290 分之一。

$^1_7$ 柯氏力

與迴轉運動中的物體一起運動、觀測，即會發現一個與物體運動方向呈現垂直的作用力。

■柯氏力

柯氏於 1828 年發現「柯氏力」（Coriolis Froce）也是慣性力的一種。由於地球自轉的關係，從宇宙中應該可以看到地球迴轉的樣子。另一方面，生活於地球表面上的我們雖然感覺不到，但是，仍可以從圓周運動的加速度運動中，觀測到生活週遭的現象。此時登場的就是柯氏力。

簡單來說，讓我們試著想像在圓盤上投球。如圖 1－14 所示，A 站在一個朝逆時針旋轉的圓盤中心投球。在圓盤外觀察的 B 會覺得 A 和圓盤一起旋轉，但是球則依慣性定律筆直地朝投球的方向飛去。另一方面，A 則會覺得球是朝著行進方向的右側方向飛去。

我們可以思考一下，如 A 所述，從逆時針旋轉的立場來看，表面上好像會有一股作用力讓球朝右側飛出。這個表面上的作用力即為「柯氏力」。

當然，不用特別去想要如何計算此作用力，因為運動方程式可以計算所有的作用力了。不過，多了這個作用力的概念之後，我們可以更方便，且更直覺性地理解地球上的現象了。

從旋轉圓盤外來看

從旋轉圓盤中心處
的角度來看

人的方向

柯氏力

圓盤中心者的方向改變

柯氏力

柯氏力（1－15）

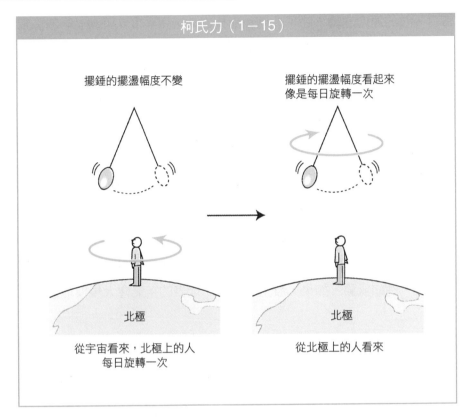

擺錘的擺盪幅度不變

擺錘的擺盪幅度看起來像是每日旋轉一次

北極

北極

從宇宙看來，北極上的人每日旋轉一次

從北極上的人看來

■ 傅科擺

　　將前面提到的圓盤，看做是從北極上空俯瞰的情形，即可用來思考地球的狀態。由於地球會自轉，因此在地表上生活的我們，直走時看起來稍有偏右的情形。

　　地球的離心力雖然很小，但是柯氏力其實更小，幾乎感覺不到。然而，我們只要用擺錘即可得知柯氏力確實是存在的。照理說，我們讓擺錘搖擺，擺錘應該不會受到其他作用力影響，然而，在北極上，其擺盪幅度卻以每日一次的速度旋轉。這是因為我們每天都隨著地球自轉一次，而從宇宙的角度看起來，擺錘的幅度好像完全沒有變化。換句話說，從地面上的我們的立場看來，擺錘的確有受到柯氏力作用，並且以

每日一次的速度旋轉。除了北極和南極之外，用經度 θ 與 $sin\theta$ 的關係來看，雖然發現擺錘的旋轉速度會越變越小，但是仍可以觀察得到。

1851 年傅科（Foucault，1819～1868）為了證明地球自轉，於巴黎蒙帕那斯區附近的天文台公開進行擺錘實驗。雖然我們已經確認地球自轉的事實，然而長 11 公尺的擺錘緩慢振動，且該擺盪幅度逐漸變化，經過這樣的實驗後，終於讓世人清楚看到地球確實會自轉的證明。隨後在世界各地也掀起對該實驗的批判。

柯氏力與氣象

柯氏力雖然很微弱，但是卻能夠在一些全球性的現象中產生相當大的效果，例如氣象。如果，發生颱風時，地表的空氣會大規模地聚集至

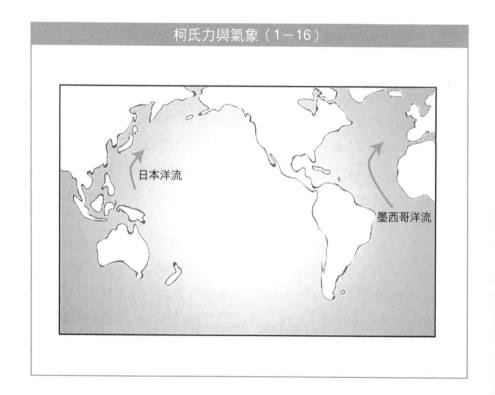

柯氏力與氣象（1－16）

日本洋流

墨西哥洋流

颱風中心。從地面上看來，若在北半球的人就會覺得這股氣流的行進方向偏右。結果會產生逆時針的漩渦。由於柯氏力在赤道時為零，因此，颱風並不會發生於赤道地區。而是在稍微與赤道有點距離的地方產生。若在南半球，颱風的漩渦則會是順時針方向。除了颱風之外，像是海流、西風帶（westerlies）等，也必須考量柯氏力的影響。

在此要注意的是，柯氏力雖然會影響物體進行方向往右偏，但卻無法成為驅動自然現象的能量來源。也就是說，僅改變物體方向，而無法產生颱風或是海流等自然現象。此外，日文中柯氏力從此的意義被延伸翻譯為「轉向力」。

Column 專欄　重量

學習物理學時，要一直不斷探究平常不會使用到的辭彙或概念。「重量」一詞也是，雖然好像很容易理解，其實卻是相當困難的一個詞。

仔細探究「重量」一詞，在物理學中即有兩種思考方式。一種是表示於運動方程式中的 m，當力作用時，較重的物體會難以被移動、較輕的物體則容易被移動，此處的「重量」即用來表示「加速的容易度」。因此，此時的質量稱作為「慣性質量」。而另一種「重量」則是指「地球上的物體被地球拉扯的力」。舉例來說，以彈簧磅秤測量「重量」時，其實就是用來測量與「重量」成正比的「重力」。在此所測出的質量，稱之為「重力質量」。是用來表示該物體「被地球用多少的力量拉扯」。

如上所述，「重量」分為慣性質量及重力質量兩種，但是這兩種量卻永遠相等，因此沒有必要特別區分。不過，在第 6 章中，對於這兩種量的理解會變得非常重要。

牛頓的發現

　　艾薩克・牛頓於 1643 年 1 月 4 日（格里曆／儒略曆為 1642 年 12 月 25 日）出生於英格蘭林肯郡的烏爾斯索普。這是在哥白尼發表《天體運行論》的 100 年後。

　　牛頓曾就讀劍橋大學，並在劍橋當教授渡過大半生涯。然而，1665 年倫敦流行鼠疫，使得大學關閉，牛頓也被迫回到故鄉兩年。也因此在該時期發現，在現今被稱為「牛頓三大發現」之「光的光譜分解」、「萬有引力」、以及「微積分」。而本章所敘述的「運動方程式」必須使用微積分來解，因而導入微積分。2 年如此短暫的時間，牛頓卻能夠提出好幾項足以決定近代科學方向的想法，只能說相當令人驚訝。

　　牛頓於 1687 年以拉丁語撰寫、發表《自然哲學的數學原理》（*Philosophiae Naturalis Principia Mathematic*）。那是將其所發現的力學原理、萬有引力等想法，有系統地彙整而成。事實上，當時那本書被因為哈雷慧星而聲名大噪的哈雷先生買走。哈雷先生深知藉由牛頓的萬有引力及運動方程式得以說明開普勒的法則，因此遊說牛頓發表，並協助其出版。

　　另外，哈雷先生用牛頓的思考模式，去計算曾於 1682 年被稱為哈雷彗星的彗星，因而發現 76 年週期性的橢圓形軌道。也因此了解 1531 年與 1607 年所出現的是同一顆彗星，所以可以藉此方法預言下一次的出現時間。

第 2 章

守恆量

「運動方程式」告訴我們，位置與速度會如何隨著時間而產生變化。因此，我們便得以預估到的變化，事先安排好位置與速度、事先預備好即使時間經過也不會改變的量。這個量被稱為「守恆量」，它有助於直覺性地理解運動行為。

衝突

從衝突的現象來思考，即使經過一段時間也不會發生改變的「守恆量」。

所謂衝突

在冰壺運動中，我們了解「當自己的 Stone 碰撞到對手的 Stone 時，對手的 Stone 會被彈開，而自己的 Stone 也會停止。」這樣的狀況就是「衝突」。換句話說，我們也可以把「衝突」想成是「某個物體碰到其他物體，而使各自運動狀態產生變化。」我們也可以在撞球中發現同樣的狀況。以球桿擊母球，然後使母球碰撞到另外的球。當然也可以應用撞球桌的邊框來碰撞球。

實際上，因摩擦而產生之運動相當複雜，在此我們不考慮摩擦的問題，單純思考衝突這個現象。

衝突時，該如何得知物體運動狀態

物體 A 若沒有受到摩擦，則會依據慣性法則以固定的速度移動。一旦停止，則會永遠靜止不動。我們可以簡單理解到，此時，物體的位置及速度會隨著時間而變化。

接著，我們讓物體 A 與物體 B 產生衝突。在衝突的瞬間，兩個物體都會各自產生作用力，並依據該作用力而產生加速度，使速度產生變化。衝突過後，兩個物體又會各自依據慣性法則，以固定的速度運動。然而，由於已經知道衝突時的作用力，因此可以藉由運動方程式來說明此衝突現象。由於物體 A 與 B 的作用力會分別產生加速度，運動方程式即可以告訴我們各自的位置與速度將如何變化。

然而，還必須考量到「衝突前的速度，會因為衝突而發生什麼變化」，即可簡單處理此現象。

■ 守恆量

由於可以藉由衝突來輕鬆思考物體的狀態，因此必須整體做一個彙整。而且必須考量「即使各自有所變化，但整體來說並無變化」的量。

例如 A 給 B 100 元，則 A 所擁有的金額就會減少 100 元，B 則會增加 100 元。然而，2 人加總所擁有的金額並不會改變。即使人數增加，也只有金錢在移動，全員所擁有的金額並不會改變，這就是所謂「整體來說並無變化的量」。

回到衝突這個話題。衝突會使物體的速度變化。速度與質量若能搭配得宜，就會如同方才所提出擁有金額的例子一般，不論衝突前後、甚至是衝突的瞬間，整體的量都不會有所改變。

如上所述，動量、能量以及角動量等，皆是沒有變化的量。接下來本章將會依照順序，逐一藉由上述思考模式來解釋，並且讓各位能輕鬆理解此複雜現象。

綜合以上理論，彙整如下。運動方程式是用來表示物體的作用力與加速度間的關係，以及物體的位置及速度會如何隨著時間變化。如此一來，還必須考量所有會影響該物體整體狀態的力量，即可產生對整體來說不論經過多少的時間也不會有所變化的量。

這種量被稱之為「守恆量」；「守恆量不論經過多少時間都不會改變」的法則，則被稱之為「能量守恆定律」。

動量

用來表示物體運動情形的量，稱之為「動量」。

動量守恆定律

質量 m 乘以速度 v 等於 mv，稱之為「動量」。動量是用來表示物體的「運動情形」。讓我們來思考一下，先前所提及的衝突現象吧！

衝突之前，物體 A 與 B 會各自維持固定速度。當然，由於物體質量不會改變，動量也會各自維持一定狀態。因此，兩物體之總合狀態亦不會改變。此種情形與衝突過後的情形一致。

另一方面，衝突時物體會因為受到作用力 F，而使速度有所變化。此時若用運動方程式來解兩個物體動量 mv 的和，就會發現衝突前後的數值皆相同。這是因為在衝突的瞬間，作用力對兩個物體會有「大小相同，方向相反」的作用力與反作用力的關係。雖然衝突會使速度有所變化，但是整體來說的動量並不會改變。這種特質稱之為「動量守恆」。提出動量及動量守恆定律概念的是笛卡兒。

「動量守恆」的優點

「動量守恆」有哪些優點呢？舉例來說，我們可以將靜止時質量為 $2m$ 的物體，分割成 2 個質量分別為 m 的物體，接著再觀察它們的狀況。

首先，由於物體是靜止的狀態，因此速度為零，動量亦為零。接著將該物體分割成兩個物體。分割的兩個物體速度各自皆為 v，逆向則為 V，因此兩個物體的動量合計為 $mv - mV$。然而，由於動量守恆，因此質量合計後仍會維持起始時為零的狀態，意即 $mv - mV = 0$。根據

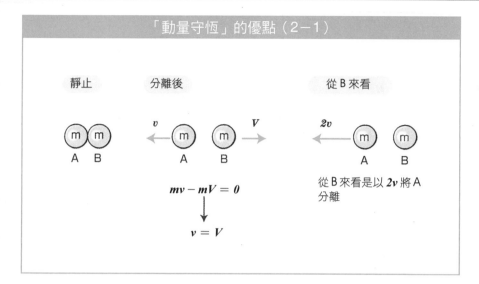

「動量守恆」的優點（2-1）

靜止　　　　分離後　　　　　　　　從 B 來看

$mv - mV = 0$

$v = V$

從 B 來看是以 2v 將 A 分離

$v = V$的關係，分割的兩個物體互為相反方向運動時，即可得知兩物體的速度相同。因此，我們將其中一邊的物體視為火箭，另一邊的物體視為燃料，則「火箭是使用相對速度為 2v 的燃料噴射出去的。」

若可以得知分離時運動的作用力，則可以用運動方程式求得分離後的物體速度；不過，若使用動量守恆定律，應該可以用更簡單的方式求出。

■動量守恆定律與火箭的加速

火箭藉由燃燒燃料來獲得動力，同時當燃料重量減少時，火箭本身就會變輕。我們若以運動方程式來思考，則會由於質量有所變化，而顯得有些複雜。讓我們試著以動量守恆定律來思考吧！

火箭幾乎都是由燃料來組成，衛星等其他主體部分其實非常之小。火箭總質量以 M 來表示。首先，我們假設火箭會以相對速度 $2v$ 來切割，先燃燒一半也就是說 $\frac{M}{2}$ 質量的燃料。於是，根據動量守恆定律，

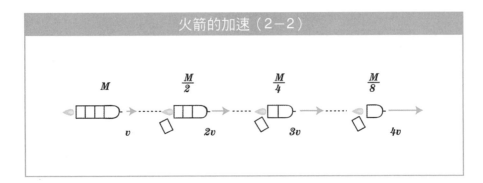

火箭的加速（2-2）

M $\frac{M}{2}$ $\frac{M}{4}$ $\frac{M}{8}$

v $2v$ $3v$ $4v$

火箭本身與燃料是以 v 的速度朝相反方向彈出。

我們試著著眼於火箭本身，並再以相同的方式反覆操作。第 2 次時，質量已經變成 $\frac{M}{2}$ 的火箭，會再使用火箭本身一半的燃料也就是 $\frac{M}{4}$ 質量的燃料，同樣再以相對速度 $2v$ 來切割。因此，我們也同樣可以得知火箭速度為 v。從外在的立場看火箭，火箭第一次與第二次的速度加起來會等於 $2v$。

同樣的，第三次火箭的質量為 $\frac{M}{8}$、速度為 $3v$；第 N 次時火箭的質量為 $\frac{M}{2^N}$、速度則為 Nv。因此，若火箭的速度是以 $2v$ 發射出去，則燃料的質量必須為火箭本身的四倍；為了以 $4v$ 的速度發射，則燃料必須要有 16 倍的質量。也就是說，為了讓速度加倍，燃料就必須為火箭總質量的四倍。由於加速需要燃料，因此會比火箭的質量還要大，若要獲得更快的速度，就必須要有更大量的燃料才行。

■ 運動方程式與火箭的加速

在此情況下，我們可以使用運動方程式來進行更精密的計算。使用運動方程式可以計算出火箭最終抵達之速度 V 與燃料噴射速度 u 成正比，假設火箭最初質量為 M，則可以得知其與最終質量 m 之關係比例

會隨著 $\dfrac{M}{m}$ 而越來越大。更詳細地來說，會變成 $V = u\log\left(\dfrac{M}{m}\right)$ 的關係。即，火箭最終抵達速度，會依其燃料量與燃料噴射速度來決定。

實際上，火箭就是根據上述原理所制約的產物，為了儘可能提升抵達的速度，必須花心思在以多段式，並且儘早減輕火箭上之重量為主。

Column 專欄　是誰發現慣性定律呢？

如先前所述，「沒有受到作用力時，物體會保持原有之運動狀態。」此狀態被稱為「慣性定律」，這是由伽利略所發現的。伽利略在《關於兩種新科學的對話》（1638 年）著作中有提到了「慣性定律」。然而，若單純認為這是伽利略提出的觀點，就太天真了。

那麼，究竟是誰在哪個時點發現了「慣性定律」呢？小林道夫於《笛卡兒入門》一書中提到了艾薩克·畢克曼（Isaac Beeckman，1588～1637）。笛卡兒在 1618 年於荷蘭偶遇自然學家畢克曼。畢克曼有一個構想，他希望可以結合自然學與數學，笛卡兒受到這個構想很大的影響。因此兩人開始就「自由落體」的問題開始進行共同研究。此時，畢克曼就已經正確的理解「慣性定律」，並且記載於其『畢克曼日記』中，生前並沒有公諸於世。因此，笛卡兒也得以正確認識慣性定律，進而發現「動量守恆定律」。

$^2_3$ 能量

能量」與「動量」皆為守恆量。能量是一種超越力學範疇、具有廣泛意義且相當重要的「量」。

■ 所謂「動能」

「能量」是我們日常生活中經常會使用到的字彙，然而其正確意義卻難以解釋。為了說明能量一詞，我們必須先定義何謂「功」。

對物體施加某個作用力 F，會使其移動 s 距離。此時，稱為「作功」，其所產生的功量可以用「作用力×移動距離（$F×s$）」來表示。因此，若有「施以作用力，物體卻不動」之情形，則表示功為零。但是，日常用語中的「功」與物理學中的「功」在概念上卻有所差異。

持續對靜止的物體施以作用力，物體會加速、速度也會變大。也就是說，「作功」時速度會變大。此時，若根據運動方程式持續增加作用力 F，則會和移動距離 s、物體質量 m、速度 v 之間，成立 $Fs = \frac{1}{2}mv^2$

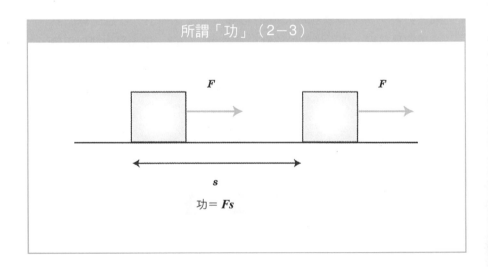

所謂「功」（2-3）

$$功 = Fs$$

的關係。左側的 Fs 為先前所說的「作功量」，右側的 $\frac{1}{2}mv^2$ 則稱之為「動能」。

首次定義出「動能」概念的是牛頓，比牛頓約晚十年，萊布尼茲（Leibnitz）發現了微積分。然而，當時他認為能量應該表示為 mv^2。若再加上 $\frac{1}{2}$ 就會是今天我們所看到的動能公式了，這是在第 1 章所提到的柯氏於 19 世紀所完成的事情。動能與動量不同，若要以動能的概念來完成，則必須花費一段時間。

守
恆
量

動能（2-4）

根據作用力 F 而持續加速的情況下：

運動方程式

$$F = ma$$

經過 t 時間後的速度 v 與距離 s，

$$v = at$$
$$s = \frac{1}{2}at^2$$

那麼，若以上述算式來計算，功 $F \times s$ 時：

$$F \times s = ma \times \frac{1}{2}at^2 = \frac{1}{2}m\,(\underline{at})^2 = \frac{1}{2}mv^2$$

$$F = ma \qquad \text{重新整理} \qquad v = at$$

根據上述演變為 $\quad F \times s = \frac{1}{2}mv^2$

動能與功

$Fs = \dfrac{1}{2}mv^2$ 的計算式是用來表示，施以作用力使物體移動時速度會越來越大，也就是說「作功時，動能會越來越大。」因此，我們還可以換個角度思考這個算式，亦即「擁有動能的物體能夠產出多大的功。」

例如，為了讓汽車停止而踩煞車時，必須思考所要預留的必要距離。當煞車的作用力 F 為固定時，停止所需的距離 S 不等於速度，而是與動能成正比。也就是說，當汽車速度從 50km/h 到 100km/h 變成兩倍時，動能就會變成四倍，因此，我們可以得知停車所需的距離也必需是四倍。

那麼，汽車和牆壁衝撞的情況又會如何呢？我們可以將衝撞視為「在相當短的距離內，速度變為零的情形。」物理學中將衝撞與停車視

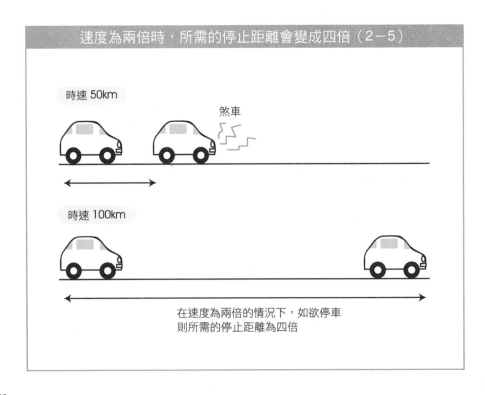

速度為兩倍時，所需的停止距離會變成四倍（2－5）

時速 50km

煞車

時速 100km

在速度為兩倍的情況下，如欲停車
則所需的停止距離為四倍

為相同情形來處理，汽車的動能可以用來表示事故發生的程度。也就是說，當速度變成兩倍時，事故所造成的傷害則會變為四倍。由於每個人的直覺不同，因此在開車時必須特別小心。

物理學中，所謂的「能」是指「物體可以作功的能力」，這樣的表達方式相當抽象，事實上也相當難以理解。因此，就讓我們來探討所謂「能」這種量吧！

■ 動能的守恆定律

讓我們再次思考「冰壺運動」的衝突現象。我們讓質量為 m 的 Stone A，以速度 v 衝撞相同質量但是靜止的 Stone B，結果 Stone A 會停止，而 Stone B 則會以速度 v 開始移動。思考一下，此時的動量與動能會變得如何呢？

首先，先來思考動量，衝突前的動量合計為 mv，衝突後的動量合計亦為 mv，因此我們可以得知動量會守恆。

接著，我們再來思考動能，衝突前的動能合計為 $\frac{1}{2}mv^2$，衝突後的動能合計亦為 $\frac{1}{2}mv^2$。因此我們可以得知衝突前後的動能合計相同。

一般來說，物體的速度會依衝突情形而產生變化，每個物體的動能也會有所改變，然而我們卻藉由運動方程式，發現衝突前後，物體動能的合計皆不變。這種情形，我們稱之為「能量守恆」。

■ 以守恆量觀點思考的優勢

運動方程式雖然可以告訴我們，當施以加速度時，速度會隨著時間變化，不過處理起來卻非常複雜。因此，我們可以試著用不會隨時間而改變的守恆量觀點來思考，如此一來，處理數學算式時就會變得非常簡單。這是以守恆量概念，用來思考動量與動能的優勢。首先，以金錢交

易為例，我們可以將動量與動能視為「金錢」，並且與各個物體間進行交易。雖然每個物體之間都有所增減，但是整體合計後的數字會維持不變。以這樣的觀點來思考，我們可以得知剛才在冰壺運動中，滑動中 Stone 的動量與動能其實是轉移到靜止的 Stone 上了。

■ 重力所產生的位能

若考慮到能量，就不能單純以數字進行簡單的處理。能量是一種普遍性的概念。接著就讓我們重新探討自由落體現象吧！

質量 m 的物體，落下距離為 h。此時，作用力 F 的重力為 mg、移動距離為 h，因此作功量（力×距離）則可以表示為 mgh。這可以變成「動能」。在此，落下距離為 h 時，速度若為 v，則依先前作功量與動能的關係式來看，即可以成立 $mgh = \frac{1}{2}mv^2$ 的關係式。並且可以變形為 $v = \sqrt{2gh}$，以求得速度 v。這與使用運動方程式所求得的數值相同。

「具有 h 高度的物體，為了抵抗重力而被提高，因此可以再落下。」我們也可以說「具有 h 高度的物體，藏有產生能量的潛在能力。」因此，mgh 稱為「位能」。$mgh = \frac{1}{2}mv^2$ 則是用來表示「位能可轉換為動能」之事實。由於，「位能」帶有潛在能量的意思，因此被稱之為「**potential energy**」。

導入這樣的想法之後，針對「落下」這樣的動作，我們可以整理成「位能＋動能＝守恆」的形式，此關係式稱為「能量守恆定律」。若想要得知物體的運動情形，則可以使用此守恆定律來計算，各個狀態下動能與位能的變化。

例說，我們再次來思考「落下」的例子。由於落下前的速度為零、動能為零、位能為 mgh，因此位能＋動能＝mgh。另一方面，落下後動能為 $\frac{1}{2}mv^2$、位能為零，則位能＋動能＝ $\frac{1}{2}mv^2$。因此我們可以得到

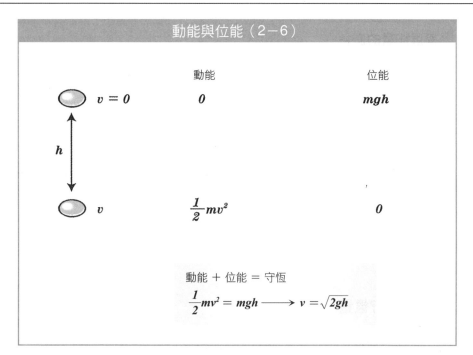

動能與位能（2-6）

	動能	位能
$v = 0$	0	mgh
v	$\dfrac{1}{2}mv^2$	0

h

動能 ＋ 位能 ＝ 守恆

$$\frac{1}{2}mv^2 = mgh \longrightarrow v = \sqrt{2gh}$$

$mgh = \dfrac{1}{2}mv^2$ 的關係式。

能量守恆定律

「位能＋動能＝守恆」的關係下，我們可以想成是「總量不變的情況下，位能與動能互換。」

舉例來說，像是雲霄飛車上下滑行於軌道的情形，下墜時「位能」會轉換成「動能」；上行時「動能」則會轉換成「位能」。「位能」是由高度來決定的，雲霄飛車的狀態不會因為滑行軌道形狀而有所改變，理應可以滑行到與起始時高度相同的地方。形狀複雜的軌道，雖然難以用運動方程式來處理，不過卻可以用能量守恆定律輕鬆地理解。

擴展能量的概念

擁有上述特質的「能量」，也可以用來思考熱、電或是磁氣等現象。「動能」轉變為「熱能」，「熱能」轉變為「動能」，都可以進行定量的說明。此外，也可以表示出包含電氣與磁氣的能量總合不變的特質。

「能量」如同日常生活常用的詞彙一般，實際上是相當抽象的概念，但卻是跨越力學、對整體物理學來說相當有用的東西。

Column 專欄　守恆量

由於運動方程式設定了時間變化的規則，所以動量與能量的守恆量的保存量並不會因為時間而變化。雖然時間不會變化感覺處理起來比較簡單、方便，但是事實上卻並非如此。

隨著物理學進入相對論與量子論，也逐漸與我們日常所能體驗到的世界相行漸遠。為了闡明這些理論，當然就不會再談我們很容易熟悉的位置與速度等概念，而是以動量與能量等，有些抽象的概念為基礎來進行討論。特別是原子物理會經常使用到能量的概念。

$^2_4$ 角動量

用來表示物體迴轉情形的量,稱之為「角動量」(angular momentum)。由於「角動量」也屬於一種「守恆量」,所以可以用來幫助了解物體進行迴轉運動時的特徵。

■所謂角動量

雖然採用牛頓運動方程式可以更詳細了解迴轉運動之情形,然而處理起來卻有些困難。而且,前一章節我們已經說明過,當導入「離心力」這樣的慣性力時,會有平衡方面的問題。若導入角動量與其守恆量,則可以用直覺來理解迴轉運動。

所謂「角動量」是指在物體質量 m 上,再加上迴轉半徑 r 與迴轉速度 v,也就是所謂的 mrv。「角動量」即可以用來表示「迴轉的狀態」。這樣看起來好像很簡單,但是其意義卻相當難以理解,請試著以直覺來思考看看。

試著想像以繩子綁住物體,並且拉住繩子的一端,使物體得以進行迴轉運動。物體迴轉時,迴轉半徑越大其迴轉的狀態越大,因此被認為角動量與迴轉半徑 r 成正比。此外,由於質量 m 越大、速度 v 越大、迴轉的狀態也會變得越大,因此可以得知迴轉狀態與此兩者間成正比。這樣一來,綜合上述的解釋後,對於「角動量」的定義也就能更了解了。

■角動量與慣性距

物體迴轉的程度是指一秒內物體能迴轉幾圈。此被稱為「角速度」,是用於表示旋轉運動時,相當方便的一種速度。

當迴轉半徑為 r,則角速度 ω 與普通速度 v 之間的關係為 $v = r\omega$。

若迴轉速度，也就是角速度固定時，當迴轉半徑變大，物體即可用較快的速度移動。

借用 $v = r\omega$ 的關係可以發現，角動量 mrv 可以演變成 $mrv = mr(r\omega) = mr\omega^2$，和角速度 ω 成正比。比例係數為 mr^2，被稱之為「慣性距（慣性力距）」。「慣性距」可用來表示「旋轉的困難性」。雖然在前一章節有說明過，運動方程式中的質量 m 是用來表示「加速的難易度」，在此的則是用來對應旋轉運動。由於慣性距是迴轉半徑的平方，因此迴轉半徑越大則越難以迴轉，然而朝相反方向迴轉時，則是用來表示難以停止迴轉的狀態。

角動量守恆

「角動量」雖然有些抽象，但是我們可以從運動方程式導出「只要沒有可以改變迴轉狀態的作用力，迴轉物體的角動量會維持不變」的角動量守恆定律。由於角動量不變，因此即使物體迴轉速度改變，我們仍

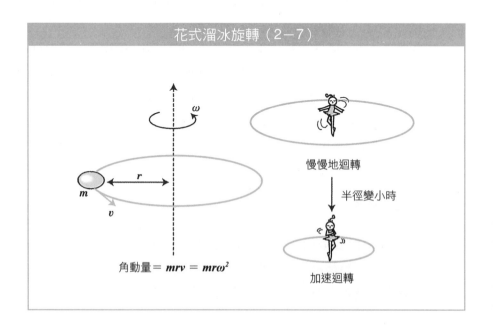

花式溜冰旋轉（2-7）

角動量＝ $mrv = mr\omega^2$

慢慢地迴轉

半徑變小時

加速迴轉

然得以輕鬆探討旋轉運動。

　　我們只要稍微思考一下生活週邊的例子，就可以了解這個意外且簡單的定律了。舉例來說，像是花式溜冰的旋轉。剛要開始迴轉時，雙手必須張開慢慢地迴轉，但是當手一縮起來時，則迴轉的速度就會變得非常快速。由於角動量守恆，因此若質量不變，則迴轉半徑平方 r^2 與角速度 ω 成反比。也就是說，半徑越大、角速度越慢；半徑越小、角速度越快。花式溜冰的旋轉，可以藉由手臂開合的狀態來調整慣性距，並且控制角速度，亦即迴轉速度。

■ 迴轉軸的方向

　　角動量的守恆定律告訴我們迴轉時的「方向」也有很重要的關係。迴轉時的方向，可簡單以垂直於迴轉面的迴轉軸來表示。我們也可以從運動方程式中了解到「只要沒有改變迴轉方向的作用力，則該迴轉軸的方向不變。」角動量的守恆定律顯示出，就算將角動量加大，迴轉軸的方向也不會改變。

　　由於角動量可以表示量的大小與方向，因此可以簡單將迴轉軸方向以「向量」來表示。圖 2－7 中顯示出，向量大小可以用角動量大小表示；方向可以用迴轉軸方向來表示；物體則是順著迴轉軸以順時針方向迴轉。

■ 生活週邊的角動量守恆定律實例

　　迴轉軸方向不變的特質，其實在日常生活的遊戲中就可以發現。例如，像是飛盤這種塑膠製的圓盤，不使其迴轉就直接投出時，不全然可以飛得出去；但是若讓飛盤迴轉一下後再投出去，就可以讓飛盤以穩定的狀態飛到遠處。為了讓迴轉的物體，保有該迴轉軸的性質，必須使其持續維持穩定的狀態。結果，如同飛機翼一般必須啟動「升力」，才能

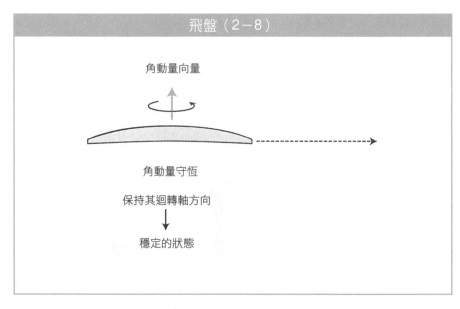

飛盤（2－8）

角動量向量

角動量守恆

保持其迴轉軸方向

穩定的狀態

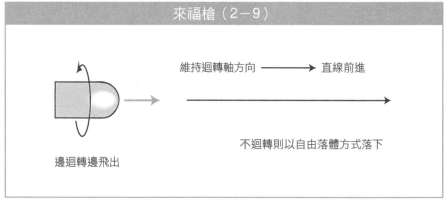

來福槍（2－9）

維持迴轉軸方向 ——→ 直線前進

不迴轉則以自由落體方式落下

邊迴轉邊飛出

飛到遠處。我們將會在第 4 章中說明何謂「升力」。

　　來福槍（Rifle）也要確保迴轉中的物體擁有迴轉軸的特性。所謂 Rifle，即是指槍膛內有膛線，也就是螺旋狀的溝槽。為了延長子彈的飛行距離、提升命中率，來福槍會在槍膛內加刻螺旋狀的溝，讓子彈發射時可以產生迴轉。讓子彈邊迴轉邊發射出去，由於其保有迴轉軸的特性，因此可以筆直地飛出，並且提高命中率。

第 3 章

萬有引力

牛頓發現所有的物體間都有萬有引力在運作，因此，我們可以藉由萬有引力與運動方程式，來闡明地球與太陽系中的所有運動。海水滿潮與大潮等自然現象也都是由萬有引力所引起的。

萬有引力

牛頓發現「所有的物體都會互相吸引」。

發現萬有引力

據說牛頓是因為思考著「明明蘋果會掉下來，為什麼月球卻不會掉下來呢？」而發現了萬有引力。如同我們先前所探討過的，蘋果因為重力的關係而成為自由落體掉下來。假如不去探討空氣阻力的情況，地球上的所有物體在落下的第一秒內，皆會下降 4.9 公尺。蘋果掉下來，可以說是一種象徵性的意義。那麼，為何月球不會掉下來呢？

那是因為月球繞著地球做圓周運動。為了說明此狀況，首先讓我們來思考一下，關於朝水平方向投擲的物體。

如第 1 章所述，朝水平方向投擲的物體會沿著拋物線落下。雖然在速度為零的情況下，物體會直接落下，但是，若速度逐漸增加則會落至更遠的位置。然而，受到地球是圓形的影響，物體速度也無法持續加快。舉例來說，由於地球是圓的，因此投出秒速為 8 公里的物體時，1秒鐘之後，物體則會距離地面 5 公尺。另一方面，該物體會在一秒內以自由落體方式落下 4.9 公尺。在此速度下，在落下的第一秒時，物體就已經相當接近地面了。事實上，雖然物體同時發生水平運動及落下運動，但是，在此為了更容易理解，所以將兩種運動分別作說明。如圖 3－1 所示，我們可了解圓周運動其實是不斷朝水平方向前進，並且同時進行自由落體的運動。

接下來讓我們來思考月球的狀況。月球在距離地球約 38 萬 4 千公里進行圓周運動，雖然跟剛才的數字有些不合，但是概念上是一致的。進行圓周運動的月球，也會不斷朝水平方向前進，並且同時朝著地球進行

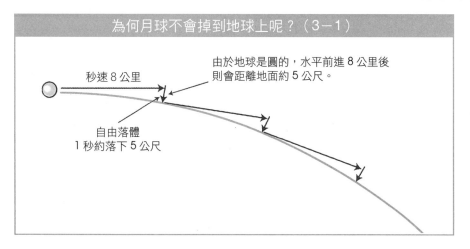

為何月球不會掉到地球上呢？（3－1）

秒速8公里

由於地球是圓的，水平前進8公里後
則會距離地面約5公尺。

自由落體
1秒約落下5公尺

自由落體運動。換句話說，進行圓周運動的月球當然不會掉到地球上。

　　蘋果的掉落與月球的圓周運動，在對地球進行自由落體運動這點是相同的。不論是月球或是蘋果，都會受到地球的拉力，也就是引力的作用。再者，普及到其他事物方面，所有的物體之間都應該考量到引力作用。這就是1665年牛頓所發現的萬有引力概念。

■萬有引力的性質

　　萬有引力的概念是「所有的物體都會互相被引力所牽制」，看起來雖然很容易理解，但是，由於該力量在質量較小的物體間顯得相當微弱，因此往往沒有人會注意到。「引力」雖然理所當然存在於周遭的物體之間，但若非像地球般擁有如此大質量的物體，則根本無法理解其所擁有的實際力量。也因此欲發現萬有引力，必定要有如牛頓般卓越的洞察能力。

　　牛頓也針對萬有引力提出具體的數學計算公式。「兩物體間的引力，會與各自的質量體積成正比，並與相互距離的平方成反比。」即當物體質量越大、距離越近時，則兩物體間所作用的引力就會越強。

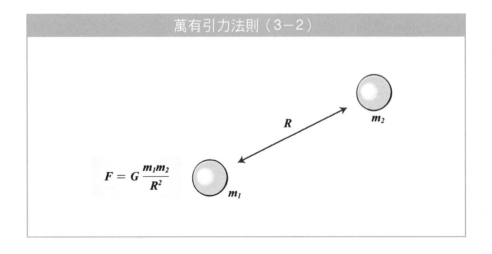

万有引力法則（3-2）

$$F = G \frac{m_1 m_2}{R^2}$$

■ 萬有引力的驗證

物理學研究中，即使假設已經達到深入事物本質的結論，但是僅止於此，仍無法完全脫離假設。所以必需透過實驗，然後進行假說的驗證。然而，由於萬有引力在週遭物體間非常微弱，因此在牛頓所處的時代下，並無法透過實驗證實。不過，在下一章節將描述，牛頓藉由運動方程式，調查出行星的運動，而確立了萬有引力法則的正確性。

實際上，真正測量出萬有引力的是卡文迪什。他利用扭秤（cavendish）測量在兩物體間作用之萬有引力強度，並確認該法則的正確性。並且求得在萬有引力中，用來表示「萬有引力常數 G」的數值。

物理學中，與重力相關之常數大多以重力（gravity），此英文字開頭的 g 來表示；先前所述的重力加速度則以小寫的 g 表示，萬有引力常數則以大寫的 G 來表示。請注意這兩者是完全不同的常數。g 表示地球表面上，地球拉扯物體的力量；G 則表示所有物體間互相吸引的力量，因此是更為基礎的物理常數。

■ 重力與離心力

所謂「重力」是指，地球表面的物體受到來自地球的引力。然而更正確的說法是，受到地球的引力與地球自轉所產生的「離心力」，此兩者的合力。

如第 1 章所述，離心力在赤道上最大，其大小約為萬有引力的 290 分之一。也就是說，由於離心力變大則使得重力變弱，結果造成物體重量變輕。

■ 重力與地球的形狀

接著，讓我們來思考關於「來自地球的引力」。我們要從最基礎的萬有引力求出來自地球的引力時，要先假設地球是個完整的球體，且密度是相同的話，計算起來就沒有那麼困難了。然而，由於必須使用到數學的「積分」，在此我們就省略詳細內容，僅敘述概要。

討論來自地球的引力時，首先會遇到的問題是，為了求得萬有引力大小，必須先求出兩物體間的距離。然而，比起物體的大小，如果距離相當遙遠時，即可以清楚地判定兩者的距離。例如，兩個 1 公分大小的物體，若兩者相互距離 1 公里以上，則兩物體的距離誤差就會非常地小，也可以說兩物體間的距離相當明確。但是，地球上的物體與地球間的距離並無法輕易決定。與其說是到地球的距離，不如說是到地球表面的距離，因為這與到地球中心為止的距離完全不同。

在這樣的情況下，我們可以試著將地球分割來探討，詳細的內容會在後面的專欄中，有興趣的讀者可以參考看看。結果其實相當單純，地球若是一顆完整的球型，計算時我們就可以假設質量會全部集中在地球的中心。

然而，實際上地球並非是一顆完整的球形，而是南北兩極的半徑比赤道半徑短約 20 公里的橢圓形。因此，半徑較短的地方，會與中心質

量較大的地方距離較近；半徑較大的地方則會較遠。由於萬有引力和距離的平方成反比，因此距離越大力量就會越弱。所以，地球南北兩極受到來自地球的引力會比赤道來得大。

■萬有引力與重力之間的關係

藉由前述所提到的離心力與引力的效果，我們知道緯度越低的地方重力越弱，在赤道上的物體重量會比放在南北極測量時輕 1%。由於這是相當大的差距，因此在精密測量貴重金屬等的重量時，必須特別注意。彈簧秤是藉由彈簧的力量與重力彼此間的牽制，才能用來測量物體重量，因此，當重力有所改變時即必須進行調整。

在此，我們藉由地球上重力會有微妙變化的話題，發現重力與來自地球的引力其實是有所區別的。然而，由於地球的離心力並沒有像引力的力量這麼大，因此地球形狀歪斜等情形也不會有太大影響。因此，平常在引用這些詞句時，我們會將「地球的重力」與「來自地球的引力」視為相同的意義。此外，當我們在討論星球時，也會將「來自星球的引力」視為「重力」。第 6 章所述的一般性相對論中，更是將「重力」當

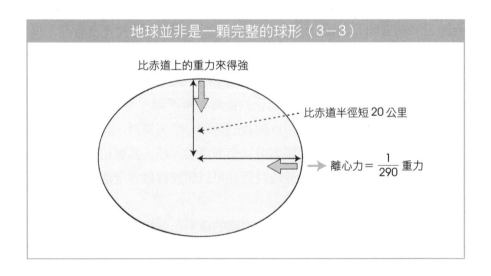

地球並非是一顆完整的球形（3－3）

比赤道上的重力來得強

比赤道半徑短 20 公里

離心力 = $\frac{1}{290}$ 重力

作普通的意思來使用。因此，「重力」一詞的意義會依文章內容的不同，而稍微有所改變。

Column 專欄 力

本章雖然介紹了「萬有引力」，不過世界上還有哪些其他的「力」呢？

要回答這個問題並不簡單，目前為止的物理學中，僅知道四種「力」。其中包含萬有引力，第 5 章中我們還會介紹「帶有電的電磁作用力」，還有各位可能不太習慣聽到的「強作用力」與「弱作用力」。

「強作用力」作用於原子核內的核子中。原子核可以大量聚集帶有正電的質子以及不帶電的中子。正電彼此之間雖然會互相碰撞，卻還是會不斷聚集起來，這是因為質子與質子、質子與中子、中子與中子之間，具有強力的引力在作用。此被稱為「強作用力」。這也是與諾貝爾獎得主湯川秀樹研究績效相關的「作用力」。另一方面，「弱作用力」是將原子核內質子轉變為中子的「作用力」。此時，還會出現微中子（neutrino）。這種現象通常會發生在原子爐或行星內部。

雖然各位可能無法實際感受到「強作用力」與「弱作用力」，但世界上確實存在這四種力量。當然，也有物理學家很介意「為何是四種？」事實上，當時的確有學者認為「原本應該只有一種力，只是被分為四種吧？」因而開始研究「力的統一理論」。他們藉由電弱統一理論模型（weinbeng & salam）來處理「電磁作用力」與「弱作用力」（1979 年獲得諾貝爾獎）。此外，也藉由「大統一理論」（GUT, grand unified theory）來統一「強作用力」。不過，當他們進一步想要統一萬有引力時，事情就變得相當困難了。

以分割方式來思考困難的問題吧！

　　笛卡兒的《方法導論》中提到「以分割方式來思考困難的問題！」物理學受到這種要素還原主義思想相當大的影響，也藉此獲得相當成功的成果。

　　可以藉由這樣的思考方法，來求得地球與地表物體間的引力。為了求得萬有引力，於是把地球如圖所示分割，然後分別計算各個部分後，再將全部區塊加總以求得萬有引力數值。若將地球分割成小塊，則兩個物體間的距離就可以更加明確，即可使用萬有引力的公式來計算。

　　分割後，也要注意接下來的步驟。A點對物體作用的力量如圖所示是傾斜向上的；B點對物體作用的力量如圖所示則是傾斜向下的。這兩個力量雖然距離相等、大小相同，但是方向完全不同。上下兩個力量加總起來會互相抵消，因此只剩下地球中心方向的力量。若地球是一個完整的圓形球體，則這個互相抵消的點勢必會存在，計算起來也會較為容易。

　　像這樣加總分割後的區塊，所求得的萬有引力總數，我們能夠從中發現，物體作用力的方向都朝向地球中心。若以積分來計算其體積大小，即可發現剛好與所有物質集中在地球中心時的情況一致。

將地球與物體的距離部分以分割方式來思考

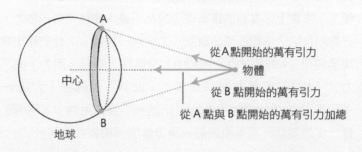

³2 開普勒行星運動定律

開普勒藉由大量計算的結果，發現行星運動的定律，並且將它彙整成行星三大定律。

■ 行星的運動

太陽系的行星都是繞著太陽公轉。公轉所需的時間（公轉週期），從內側順序來看，水星 88 天、金星 243 天、地球一年、火星 687 天、木星 11.86 年。公轉軌道半徑越大，公轉週期越大。

出生於 16～17 世紀的開普勒，藉由大量計算的結果將這些行星運動彙整成「行星三大定律」。亦被稱為「開普勒定律」。第一定律是「行星以太陽為一個焦點環繞運行的橢圓形軌道」、第二定律是「行星與太陽相連結的線在一定時間內所形成的面積相等（等面積定律）」、第三定律是「行星公轉週期的平方與其和太陽的平均距離的三次方成正比」。這些定律成功地解釋了當時最精密的觀測數據，成為下一代物理學最重要的墊腳石。

■ 橢圓形軌道

為了解釋開普勒的橢圓形軌道，首先，讓我們先來確認一下「橢圓」的定義。所謂橢圓，如圖 3－4 所示，是計算兩個焦點間距離的總和所呈現的一定軌跡。利用數學算式，也可以寫成方程式，但是在此讓我們先以圖來表示。如圖所示，我們可以在兩個焦點上固定住線的兩端，然後把線拉緊，並以鉛筆畫出一個橢圓。此時，若兩個焦點間的距離越大，就會越容易變形成橢圓；若兩個焦點距離一致則會變成圓形。如此一來，橢圓的變形狀況就可以用兩個焦點的距離狀況來表示。在數

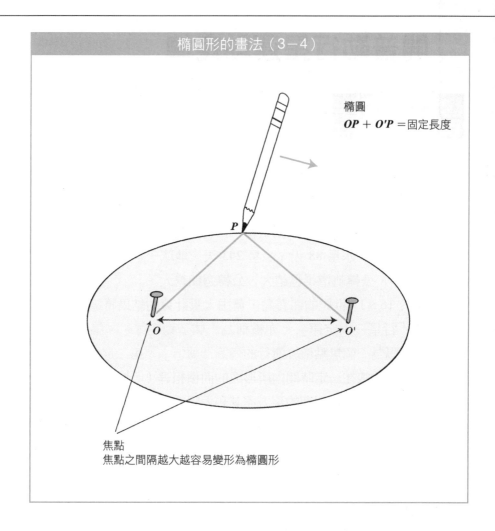

橢圓形的畫法（3－4）

椭圓
$OP + O'P =$ 固定長度

P

O　　　　　O'

焦點
焦點之間隔越大越容易變形為橢圓形

學上，上述的距離狀況被稱之為「離心率」。

　　開普勒將太陽放在橢圓形的其中一個焦點上，並在橢圓形軌道上放置其他行星。另一個焦點則什麼都不放。這就是「開普勒第一定律」。

　　此外，行星為了依循橢圓形軌道，與太陽間的距離就會不斷地改變。與太陽最接近的地方稱之為「近日點」；最遠的地方稱之為「遠日點」。近日點與遠日點間的距離平均，稱為行星與太陽間的「平均距離」。

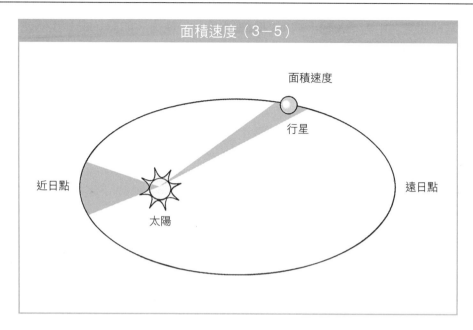

面積速度（3-5）

面積速度

行星

近日點

太陽

遠日點

等面積定律

　　行星依循橢圓形軌道運行的情形下，其公轉速度並不一定。開普勒發現該速度之所以會變化，是因為「行星與太陽連結的線在一定時間內經過的面積相等」的關係。這即是開普勒第二定律，亦稱之為等面積定律。根據這個定律，因為近日點表示行星與太陽間的距離最短，因此為了經過一定的面積，公轉速度應該會變快。相反的，在遠日點位置時，由於距離變大，因此公轉速度會較慢。

開普勒第三定律

　　接著，開普勒又發現「行星公轉週期的平方與自太陽算起之平均距離的三次方成正比」。這就是開普勒第三定律。舉例來說，由於木星比地球距離太陽的距離還要遠，因此若依第三定律來看，公轉週期會變得比地球還長。若稍微用定量一點的方法來看，在 Y 軸上假設行星公轉

週期的量為平方，X軸上的平均距離的量為三次方，如此一來，我們就會發現依照這個法則會繪製出一條直線。

如圖3－6可以得知，實際上太陽系的行星皆符合這個定律的條件。雖然天王星、海王星、冥王星在開普勒的時代尚未被發現，但是這些行星仍符合這些定律。

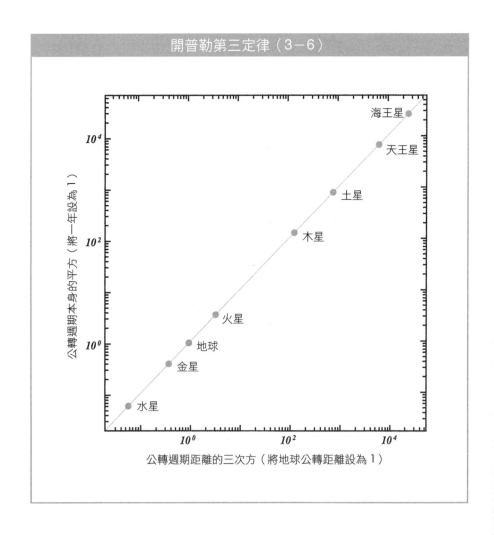

開普勒第三定律（3－6）

Y軸：公轉週期本身的平方（將一年設為1）

X軸：公轉週期距離的三次方（將地球公轉距離設為1）

$^3_3$ 牛頓力學與行星運動

萬有引力與運動方程式可以用來說明行星的運動情形。

牛頓力學與行星運動

藉由牛頓的運動方程式，以及目前為止我們所導出的各種定律，可以用來探討力量作用時物體會如何進行運動之理論，此被稱為「牛頓力學」。接下來就讓我們看看是否能夠以「力學」來充分解釋開普勒所發現的運動狀態。

牛頓力學的第一項成果，即是藉由「萬有引力」與「運動方程式」進行全盤演譯，並且導出開普勒所發現的定律。開普勒發現橢圓運動、考量面積速度，因而導出了行星的運動定律。然而，卻無法解釋為何行星是以橢圓方式運動、以及面積速度的意義。另一方面，牛頓卻藉由「萬有引力」與「運動方程式」，以數學方式導出行星軌道是橢圓形的結果。但是這與開普勒定律的本質有些不同。

角動量守恆與等面積定律

接著，讓我們以牛頓力學的立場來看開普勒第二運動定律所提出的「面積速度」。為了避免這個話題變得難以理解，在此我們先公佈答案：「面積速度」其實和之前提到的「角動量」是同樣的東西。

開普勒雖然將行星公轉速度變化以「等面積定律」來表示，但是在牛頓力學中也可以用「離心力」及「萬有引力」來表示。近日點上，由於行星與太陽間的距離變近，因此使得萬有引力變強。這就如同互相牽制般，離心力也會變大，因而使得行星的公轉速度加快。另一方面，在

遠日點上，由於行星與太陽的距離變遠，相對的萬有引力就會變弱。互相牽制後離心力變小，使得行星的公轉速度變得緩慢。如此一來，我們即可以藉由萬有引力了解，由於與太陽間的距離不同，因此導致行星的公轉速度也會有所改變。

那麼，開普勒所提出的「面積速度」到底又是什麼東西呢？所謂「面積速度」是指行星與太陽所連結成的線，在一定時間 Δt 上所經過的圖形面積。該圖形近似於三角形，其面積可以用 $\frac{1}{2}$×高×底，也可以用 $\frac{1}{2}$×「與太陽的距離」×「速度×Δt」來計算。在此，請將「角動量」視為「質量×半徑×速度」。由於半徑是與太陽的距離，因此角動量亦可以用「距離×速度」代入。行星的質量不會改變，因此可以得知面積速度與角動量成正比。也就是說，若以「比例係數」來除「面積速度」或「角動量」都會得到相同的結果。因此，可以將「等面積定

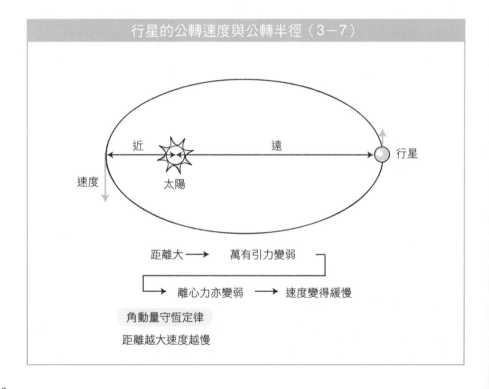

行星的公轉速度與公轉半徑（3－7）

近　　　　　遠　　　　　行星

速度

太陽

距離大 ——→　萬有引力變弱

——→　離心力亦變弱 ——→　速度變得緩慢

角動量守恆定律

距離越大速度越慢

律」視為「角動量守恆定律」更為普遍性的定律。開普勒比牛頓還早發現與角動量相同的概念，因此可以說開普勒真是獨具有慧眼。

此外，開普勒第三定律也可以藉由萬有引力、運動方程式，清楚地表示出來。

毫無疑問，開普勒所發現的行星定律也可以藉由牛頓力學導出。我們即可以從這個地方了解牛頓萬有引力的正確性。從生活週遭物體到行星運行等，牛頓力學可以說是用來表示這些狀態最普遍且最基本的原理。

Column 專欄 　橢圓運動的地球

地球的軌道雖然相當接近圓形，但是其實是約 2% 的橢圓形。約 2% 雖然是相當小的數字，但是在自然現象中仍然可以被觀測到。

春分約在 3 月 21 日左右、秋分約在 9 月 23 日左右。這兩天太陽都是從正東方升起、正西方落下，且白晝黑夜長度相等。舉例來說，從春分到秋分稱為夏天；從秋分到春分稱為冬天，在北半球則是夏天會比冬天多一周左右。因為地球是以橢圓形軌道環繞著太陽運轉的。粗略計算下，$\dfrac{7}{365}$ 約等於 2%。

此外，在北半球，夏天地球與太陽間的距離約有 2% 遠，太陽外觀看起來也會變得比較小。也因此，夏天若有發生日全蝕（太陽被月球遮蓋住的現象），則持續的時間會比較長。

■ 發現海王星

開普勒發現橢圓形軌道，也發現了行星運行間的關係。另一方面，牛頓亦藉由比運動方程式及萬有引力，這些更基本且更普遍性的定律衍生出牛頓力學，並經由亞當斯（Adams）和列維葉（Leverrier）演譯證明。牛頓力學亦適用於解釋三個以上的物體狀態，因此可以用來預言可能會產生的新現象。

雖然 1781 年赫歇爾（Frederick William Herschel）發現了天王星，但是，當地觀測天王星運行時卻發現其偏離了橢圓形軌道。列維葉和亞當斯認為這應該是受到來自未知行星的萬有引力影響，因此便試著以牛頓力學來預測該行星的位置。接著在 1846 年，加勒（Galle）在被預測的位置附近發現了海王星。

此一發現，表示牛頓力學的正確性與預言的可性度，這可以說是相當令人振奮的例子。

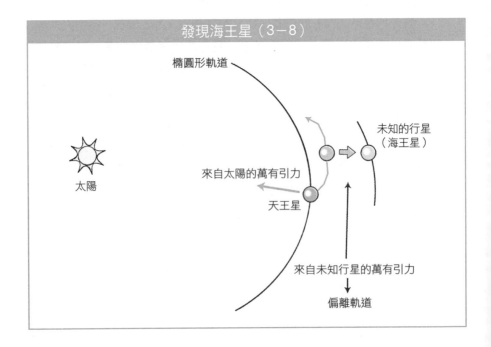

發現海王星（3－8）

橢圓形軌道

未知的行星
（海王星）

來自太陽的萬有引力

太陽

天王星

來自未知行星的萬有引力

偏離軌道

宇宙速度

用萬有引力的觀念來探討位能，即可求得離開地球的速度。

航向宇宙所需的速度

20 世紀後半，由於火箭的發明使得人類成功地向宇宙拓展了活動範圍。火箭逆著地球的重力往上昇、甩掉地球重力後航向宇宙。現在就讓我們來思考，火箭為了要航向宇宙，必須要用多少速度才能夠被發射出去。

「航向宇宙」雖然只是一句話，但是卻必須考量到❶地球人造衛星、❷甩掉地球重力航向太陽系其他行星、以及❸甩掉太陽重力航向太陽系以外的宇宙等三種情形。我們依序將火箭飛離地球達到上述三個目的所需速度，分別稱為「第 1 宇宙速度」、「第 2 宇宙速度」以及「第 3 宇宙速度」。

雖然可以藉由萬有引力及運動方程式來計算這些速度，但是若加入萬有引力的位能來考量時，即可以用更簡單的方式求得速度。這樣的能量雖然與位能類似，但是卻更為普遍。

第 1 宇宙速度

如同人造衛星，所謂「第 1 宇宙速度」是為了環繞地球一周所必須要有的最低發射速度。如同前述 3-1 節，該速度約為 8km/sec。若比這個速度還要慢，火箭就無法環繞地球一週，而且會摔落至地表。

為了求得該速度，我們要思考一個關於某貼近地表迴轉且質量為 m 的物體，其與迴轉時的離心力及地表重力間的牽制情形。假設地球半徑

為 R，$v = \sqrt{gR}$，我們將數值代入該公式則可求得速度為 7.9km/sec。在 3－1 節中，我雖然很唐突地提到速度約為 8km/sec，但其實這是以這樣的方式求得的。

萬有引力的位能

「第 2 宇宙速度」就不是指如人造衛星般地環繞地球，而是必須考慮到要像「航向月球」般，為了脫離地球所需的最低發射速度。為了求得該速度，雖然必須使用能量守恆定律較為恰當，但是既然考慮到能量守恆定律，就必須要先有「萬有引力的位能」的概念。

欲觀測地表上，從數十公尺高度進行自由落體運動的情形，就會使用到「位能 mgh」的概念。地表上的移動距離與地球半徑約 6,400km，前者與此相較之下顯得非常微小，而且萬有引力幾乎不會有變化，即使加上重力 g 也不會有所影響。然而，在大幅度移動的情況下，與地球的距離會產生很大的變化，因此需使用萬有引力的公式。當我們考量到能量守恆定律，則要有能夠因應萬有引力的位能。

萬有引力的位能也可以用力×移動距離來計算「作功量」。然而，由於萬有引力和距離的平方成反比，因此移動時會遇到力量大小改變等

第 1 宇宙速度（3－9）

火箭

離心力＝地表上的重力

$$m\frac{v^2}{R} = mg$$

因此　　$v = \sqrt{gR}$（第 1 宇宙速度）

地球

較為複雜的問題。

　　為了求得該位能，我們可以試著將移動距離切割，並且讓物體僅進行些許的移動。首先，因為在些許移動下，萬有引力並不會改變，因此即可求得其「作功量」。再者，我們可以重複計算移動地點上的萬有引力，然後以同樣的方法讓物體進行些許移動後，再求得其「作功量」。實際上，我們則會使用積分的數學公式來計算。

▊ 第 2 宇宙速度

　　接著，讓我們來探討一下離開地球所需的發射速度吧！此時必須計算發射時的動能與萬有引力間之位能合計。

　　當火箭飛出地球引力無法到達的地方時，萬有引力的位能應該為零。為了離開地球，此時火箭最好能夠維持零以上的速度，因此火箭的動能也要在零以上。也就是說，若火箭要飛到地球引力無法觸及的地方，則能量合計要在零以上。因此，若我們使用能量守恆定律來因應火箭發射地點與遠離地球的地點之能量，即可求得第 2 宇宙速度，$v = \sqrt{2gR}$。代入數值後，得到結果為 11.2km/sec。

　　在此，我們仔細比較這些計算公式，即可得知「第 2 宇宙速度 $= \sqrt{2}$ ×第 1 宇宙速度」的關係。利用這關係就可以藉由第 1 宇宙速度求得 $7.9 \times \sqrt{2} = 11.2$ 之結果。

▊ 第 3 宇宙速度

　　「第 3 宇宙速度」是指，火箭為了脫離太陽系所需達到的速度，此速度為 16.7km/sec。

　　火箭脫離地球所需的速度（第 2 宇宙速度）是環繞地球周圍公轉速度（第 1 宇宙速度）的 $\sqrt{2}$ 倍。同樣的，脫離太陽系所需的速度也是環繞太陽公轉速度的 $\sqrt{2}$ 倍。

萬有引力   位能

$$F = G \frac{m_1 \cdot m_2}{r^2} \longrightarrow V = -G \frac{m_1 \cdot m_2}{r}$$

（直覺難以理解的）

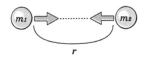

第 2 宇宙速度（3－11）

速度 v

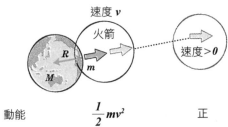

火箭

速度 > 0

動能	$\frac{1}{2} mv^2$	正
位能	$-G \frac{mM}{R}$	0

能量守恆定律

$$\frac{1}{2} mv^2 - G \frac{mM}{R} \geqq 0$$

公式

$$v = \sqrt{\frac{2GM}{R}} = \sqrt{2gR}$$

（第 2 宇宙速度）

代入

地表上之萬有引力＝來自重力

$$G \frac{mM}{R^2} = mg$$

因此，$\frac{GM}{R} = gR$

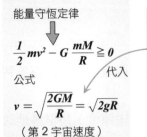

因此，必須先求得地球的公轉速度。我們可以從地球平均公轉半徑約 1.5×10^{11}m 來求圓周，假設一年就是一周，即可求得地球的平均公轉速度。29.8km/sec 的 $\sqrt{2}$ 倍就是 42.1km/sec。這是火箭欲離開地球引力圈時的速度，如果要計算飛離地球時的速度，還必須考量到地球自轉速度的影響與地球重力，計算後會變成 16.7km/sec。

Column 專欄　加速度感應器

　　加速度感應器，會與被安裝的物體同步移動，是一種用來測量慣性力的大小、以求得加速度的裝置。加速度感應器會因為歪斜狀態而使抵抗力有所變化、由於它的材質是具有「壓力抵抗效果」之半導體元素，可使加諸於物體之力量大小轉變為電力之信號，未來將會更小型化、應用範圍亦會更廣。

　　舉例來說，手機上若安裝加速度感應器，就可以藉由「搖動」的動作，使手機啟動某些特定的功能。此外，計步器即是測量人類走路時所伴隨之規律性加速度。測量地球磁性的地磁感應器若能與GPS（全球定位系統）結合，應該也可以成為「隨時在手機上顯示目前行進方向的地圖」。

　　加速度感應器也可以用來計算物體傾斜的情形，以判定物體是否會掉落。例如，加速度感應器若搭載於筆記型電腦之上，則可能會有「得知筆記型電腦要掉下來時，內藏硬體裝置的磁性讀寫頭會退縮進去，以保護資料」的功能。加速度感應器亦可使用於車用安全氣囊，或者用來控制機器人姿勢等方面。

太陽系探勘

　　藉由繞行星變軌（Swing-by）的方法，即可利用行星的重力使太空探測器加速，而使得運用較少的燃料進行行星探勘的工作變得可能。

■ 行星探勘

　　為了更有效率地進行行星探勘，行星的位置就顯得相當重要。若是欲進行探勘的行星們是並行在一起的，那麼就可以用一台太空探測器同時進行探勘。以木星與土星為例，探勘時必須考慮兩顆行星朝相同方向前進的時間點。

　　木星公轉週期為 11.86 年，土星為 29.5 年。既然木星與土星朝同一個方向前進，我們就可以求得它們朝下一個相同方向前進的週期（會合週期）。兩顆行星各自公轉的角速度分別為 $\frac{2\pi}{11.86}$ 及 $\frac{2\pi}{29.5}$。角速度是由公轉週期除以 $360° = 2\pi$ 得來。公轉角速度差即為 $\frac{2\pi}{11.86} - \frac{2\pi}{29.5} = 2\pi \times 01.0504$。求得的會合週期為 $2\pi \times 0.0504 = \frac{2\pi}{19.8}$，因此為 19.8 年。若木星與土星在同一個方向，一台探勘機可以同步進行兩種探勘，對行星探勘來說是非常寶貴的機會，這樣的機會約 20 年才會遇到一次。

　　也可以用同樣的方法來計算其他兩種行星的會合週期。由於較遠的行星公轉週期較長，這些行星的會合週期也非常之長。多數行星朝向同一方向運行，遇上會合週期時，對行星探勘來說即是非常寶貴的機會。

　　這種探勘機會曾經在距今約 30 年前出現。1977 年人類發射了太空探測器——航海家號（Voyager）太空船，當時可以觀察相同方向的木星、土星；轉個方向還可以觀察天王星、海王星，並且航向太陽系之外。之所以能夠如此，其實是利用當時行星位置配置的優勢，並且巧妙地運用力學定律。

■ 繞行星變軌

　　觀察太空探測器的飛行路徑（圖 3－12）可以得知，為了能夠一次探勘數個行星，勢必改變探測器的航行方向。由於改變航向也會改變速度的方向，因此就必須要有加速度運動。因此，必須必需在探測器上增加作用力。

　　其中一種改變探測器方向的方法是用噴射燃料。但是這樣的方法必須要裝載大量的燃料，實際上會有困難。另一種方法是利用欲探勘行星本身的重力。若這個方法可行，就不只可以方向改變，甚至還可以加速前進。該方法稱為「繞行星變軌」。

　　若能夠藉由欲採勘行星的重力，以好像要鑽入行星內部的狀態，應該就可以「改變方向」。然而，關於「可以加速」這件事情，你不覺得好像有點奇怪嗎？接著就來說明一下其中的奧秘。

　　某個物體 A 在速度 v 的情況下，撞到非常重且頑固的牆壁 B，因此它被同樣的速度 v 反彈回去。此時，若牆壁以速度 V 接近物體，則物體

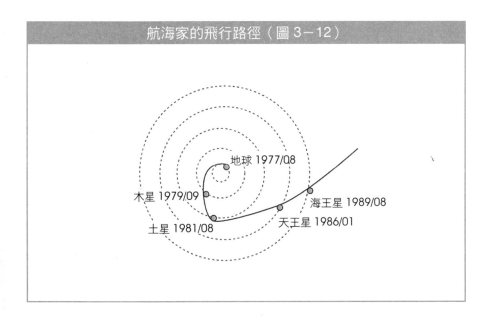

航海家的飛行路徑（圖 3－12）

地球 1977/08

木星 1979/09

土星 1981/08

天王星 1986/01

海王星 1989/08

的反彈速度會變成是原有速度v，再加上牆壁接近速度V的兩倍。也就是說，若與運動中的物體碰撞後反彈，則反彈速度就會變成是以對方的速度再加速。這部分可以運用運動量與能量守恆定律來表示。

太空探測器雖然沒有直接衝撞木星，但是卻可以利用木星所擁有的強大重力改變其方向並予以加速。也就是說，航海家可以用木星的公轉方向轉到木星的另一側；也可以藉由木星的重力，利用力量互相牽制的方式來改變其行進方向，同時利用木星公轉速度來加速。雖然實際的運作有些複雜，但是應該可以大致理解其中的架構。航海家在探勘木星並

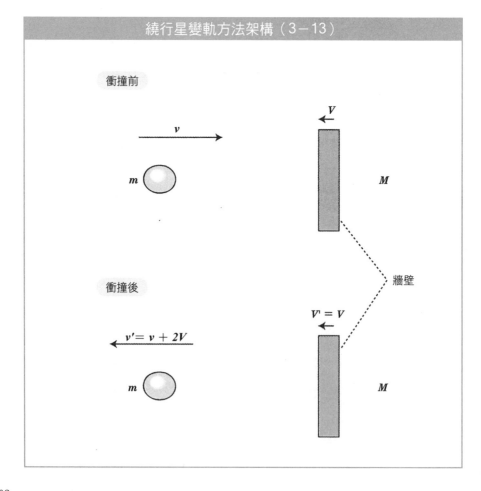

繞行星變軌方法架構（3－13）

衝撞前

v

m

V

M

牆壁

衝撞後

$V' = V$

$v' = v + 2V$

m

M

加速後，便繼續探勘土星、天王星以及海王星，並且進行反覆地加速，最後成功甩掉太陽重力、航離太陽系。

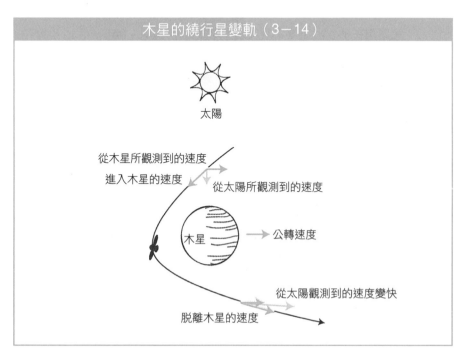

木星的繞行星變軌（3－14）

太陽

從木星所觀測到的速度
進入木星的速度
從太陽所觀測到的速度

木星

公轉速度

從太陽觀測到的速度變快

脫離木星的速度

Column 專欄　**描繪金星的圖形 ── 五芒星**

　　暢銷小説「達文西密碼」是一部意義深遠的作品，其中有提到「金星每八年在黃道帶上所形成的軌跡是個五芒星圖。」我想「這究竟是怎麼一回事呀？」所以就試著去找出解答。

　　所謂五芒星，如下頁圖所示，是可以用一筆劃畫完的星型。雖然其有許多種象徵的意義，但是和物理卻毫無相關。在此，我們試著來思考金星與該圖形間的關係。

　　相對於地球公轉週期為 1 年，金星的公轉週期由於公轉半徑較

小，因此速度較快，僅有 225 天。我們可以藉由這兩個數字，來計算行星的「會合週期」。從計算結果可以發現 $2\pi/225 - 2\pi/365 = 2\pi/587$，因此，每約 1 年 7 個月，金星就會接近地球一次。

　　如果用直覺式的思考模式來看上述的會合週期。365 天乘以 8 等於 2,920 天。另一方面，225 天乘以 13 等於 2,925 天。雖然兩個結果有點差距，但是差不多可以視為一樣，這表示當地球進行 8 次公轉時，金星就會進行 13 次的公轉。用會合週期的 587 天除以 2,925 天，結果就會得到 5 次，由此可知，8 年之內金星會接近地球 5 次。因此，若將金星的位置以直線連結後，就會發現其剛好和五芒星用一筆劃畫完的順序一致。在黃道帶上，因為金星與地球之間擁有再次接近的特殊關係，因此連結金星的位置即可得到這個有點抽象的五芒星圖形。這是單純觀測天空、金星實際運動也無法了解的情形。將金星與五芒星間的關係連結起來的古人們，好像就已經能夠得知地球與金星環繞太陽的公轉週期比率為（13：8）了。

　　「達文西密碼」中還提到了牛頓的名字，以及會在第 6 章中提出相對論的愛因斯坦。愛因斯坦在該作品中，雖然只是被作為一個比喻；但是，牛頓就不是因為物理，而是因為與內容相關而被提及。

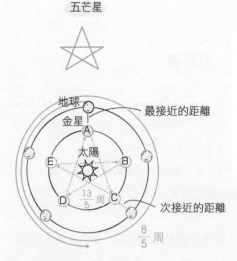

五芒星

在A點最為接近。下一次會合的是地球轉到第 $\frac{8}{5}$ 周、金星轉到第 $\frac{13}{5}$ 周的 C 點。以同樣的方法來思考，會合點依序為 A→C→E→B→D，即可描繪出五芒星的圖形。

地球
金星
最接近的距離
A
太陽
E　　B
$\frac{13}{5}$ 周
D　　C
次接近的距離
$\frac{8}{5}$ 周

$^3_6$ 潮汐力

潮汐是因為月球與太陽的萬有引力所引起的。

潮汐力

當物質間的距離越小,萬有引力就會越大;距離越大,萬有引力就會越弱。也就是說,當物體間的距離有所改變時,引力的強度也會隨之變化。這樣的力量,若在行星般大的物體上作用時又會如何呢?

大體積的物體會因為所處的位置,以及跟對象物體間的距離不同,而使得對象物體各部位所受的萬有引力強度有所差異。結果,會因為作用力量的差異,而使物體內部產生歪曲的力量。

例如,1994 年舒梅克・李維 9 號彗星(Comet Shoemaker－Levy 9)衝撞了比地球質量大 318 倍的木星。該彗星衝撞到木星時,立刻分

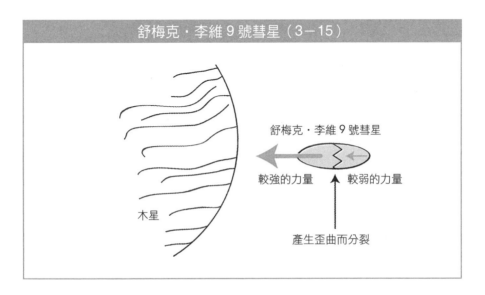

舒梅克・李維 9 號彗星(3－15)

舒梅克・李維 9 號彗星

木星

較強的力量　　較弱的力量

產生歪曲而分裂

裂成了許多小塊。那是因為木星強大的重力，使得彗星接近木星的那側受到較強烈的萬有引力，而離較遠的那側所受到的萬有引力則較小，這樣的差異造成彗星內部產生重大的歪曲，最後導致其分裂。這樣的力量被稱為「潮汐力」。

潮汐力，是因為兩個距離不同的萬有引力的差異所產生的。詳細數值必須用數學「微分」才能求出，不過在此我們已經可以得知潮汐力與距離的三次方成反比。

萬有引力與滿潮

潮汐力當然也適用於地球。作用於地球的引力主要是來自月球及太陽。首先，先討論來自月球的引力。

來自月球引力的大小，如圖 3－16 所示，面對地球的一側與相反側有些許的差異。由於月球與地球間的平均距離，約為地球赤道半徑的 60 倍，因此圖中 A、B、C 地點的萬有引力大小比為 $(\frac{1}{59})^2$：$(\frac{1}{60})^2$：$(\frac{1}{61})^2$ 即 $1.034:1:0.967$。雖然只有微小的差異，但是還是能夠引起海水運動。

重心與離心力

為了更精確求得對海水的作用力，所以必須也將地球的「離心力」考慮進去。月球雖然繞著地球公轉，但是從月球的角度來看，其實也可以說是地球繞著月球迴轉。那麼在月球或是地球之外，從宇宙的角度看來又會是如何呢？

事實上，不論是地球或是月球，都是繞著地球與月球的「重心」在迴轉。所謂重心，指的就是重量的中心位置。舉例來說，質量 m 與 M 兩種物體的重心，並非在兩個物體的正中央，而是距離乘上質量後所平

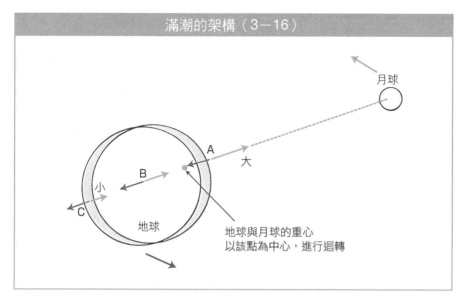

滿潮的架構（3－16）

月球

A
大

B
小

C

地球

地球與月球的重心
以該點為中心，進行迴轉

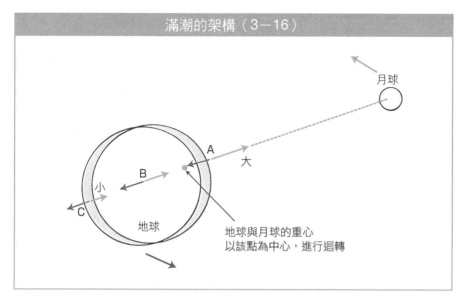

均分配到的位置點（重量相加之平均點）。由於地球比月球重很多，因此地球與月球的重心位置是位在地球內部。月球與地球皆是以該點為中心迴轉著。

在討論「滿潮」時，以地球重心為中心旋轉運動的離心力，在此就會變得非常重要。由於該點暨不是自轉也不是公轉的離心力，因此相當難以被理解。雖然必須要非常注意、深入探討這一點，但是，其實地球上任何一點的離心力大小都是相同的，地球中心皆會受到來自月球萬有引力的牽制。上面敘述或許有點難以理解，但是若僅單純去思考離心力這件事情，就可以將後續情形理解為是一種相互牽引的作用。

■ 滿潮與退潮

接下來就讓我們來討論一下會影響海水的離心力與萬有引力吧！接近月球那一側，所受到來自月球的引力會比離心力還強。因此會牽引海水，而造成「滿潮」。另一方面，背離月球的另一側，受到來自月球的

引力會比離心力還弱。不過由於離心力勝出，因此會讓海水上升，然後造成滿潮。然而，在滿潮到下一個滿潮之間，海平面會下降，直至最低的位置。這種情況則稱為「乾潮」。

由於地球一天自轉一次，滿潮位置也會隨之變化，地球上的各個位置，每天都會產生約兩次的乾潮與滿潮。不過，由於還要考慮到月球會繞著地球以 27.3 天為週期進行公轉，因此，並不是 12 小時就會乾、滿潮一次，滿潮的週期應該是約 12 小時又 25 分發生一次。

然而，實際上各地的滿潮時間與乾、滿潮的水位差，會因為地形及海底形狀等條件而有所改變。乾、滿潮的水位較激烈的地方，通常會成為觀光景點。例如，法國的聖米歇爾山（Mont St. Michel）就相當有名。還有，日本的鳴門渦也是因為乾、滿潮的水位差距，使瀨戶內海與太平洋間的海流交會而形成的漩渦。

▊ 大潮

太陽擁有約 33 倍的地球質量，與地球的平均距離約為 1 億 5 千萬公里。另一方面，月球約有 0.0123 倍的地球質量，並與地球的平均距離約為 38 萬 5 千公里。我們可以運用這些數據，比較來自太陽的潮汐力與來自月球的潮汐力。

如前所述「潮汐力」和質量成正比，並與距離的三次方成反比。太陽與月球潮汐力大小的比例，可以用這些質量與距離的數值來計算，結果即會得到 $\dfrac{0.00123}{38.5^3} : \dfrac{330000}{15000^3} = 1 : 0.45$。來自太陽的潮汐力比月亮的大出一半以上，令人無法忽視其所產生的效果。

如圖 3－17，讓我們試著來討論當太陽、月球、地球連成一線的情形。當潮汐力朝太陽與月球的方向匯集時，此時會達到最高的滿潮水位。我們將潮差最大時的滿潮狀態，稱之為「大潮」。會引起大潮的位置如圖所示，大潮總共會出現在兩個地方，皆是因為月球繞著地球公轉

而兩度引起的。也就是說，大潮會在每 27.3 天發生兩次，我們可以從其出現的位置判定當時是新月或是滿月。

接著，再來討論，太陽與月球以地球為中心成直角的情形。此時，太陽與月球的潮汐力方向會有 90°的差異，滿潮水位會變成最低。這種水位低的滿潮稱為「小潮」。小潮時，只能看到一半的月球。也正因為如此，我們才可以得知滿潮的水位，總而言之，大潮、小潮與月圓月缺有著密切的關係。

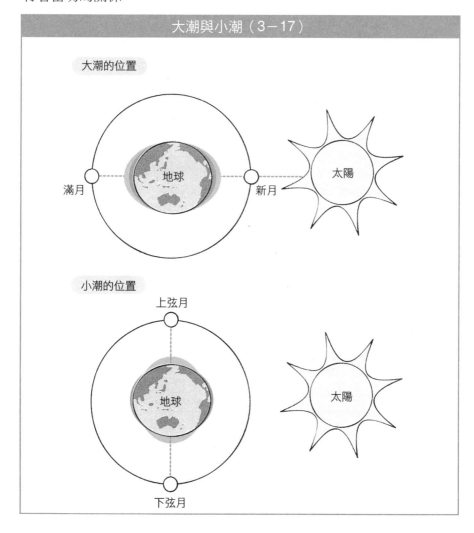

大潮與小潮（3－17）

大潮的位置

滿月　　地球　　新月　　太陽

小潮的位置

上弦月

地球　　太陽

下弦月

■木星的埃歐火山活動

由於環繞在木星內側的四大衛星是由伽利略所發現的,因此稱為「伽利略衛星」。其中最內側的一顆伽利略衛星是「埃歐」(Io)。

埃歐與月球大小相當,距離木星 42 萬 km,約以 2 天為周期進行公轉。由於埃歐是一顆小型衛星,因此以往不被認為其內部擁有熱源,但是,透過 1979 年「太空探測器 —— 航海家號」的觀測,卻意外發現埃歐內部的火山活動。

一般認為埃歐會擁有如此活躍的能量,是因為受到強大質量的木星所引起的潮汐力,以及來自其他衛星的萬有引力所造成的。這些力量使埃歐內部大量歪曲,因此產生這樣的結果。

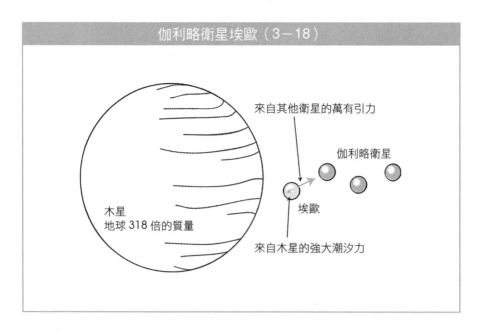

伽利略衛星埃歐(3−18)

來自其他衛星的萬有引力

伽利略衛星

木星
地球 318 倍的質量

埃歐

來自木星的強大潮汐力

第 4 章

流體物理

氣體與液體的動態皆可以用力學來思考，這種思考方法稱為流體力學。雖然平時不太會注意「空氣」，但是如果將它視為流體來思考，就可以理解投球技巧中的變化球與飛機的升力。

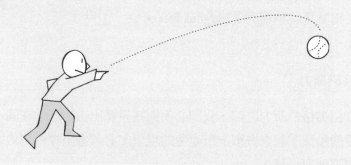

變化球

....
藉由球的旋轉讓球改變行進方向的球技。

▊ 變化球

棒球是一種球類的代表性運動。如 1－5 節所示，若投手投球的球
路僅由重力及空氣阻力來決定，那麼比賽一定會變得非常無趣。實際
上，正因為有變化球的存在，才能讓球員在某種程度上控制球的飛行方
向，因此使比賽更有看頭。

控制的關鍵是要想辦法讓球旋轉。當我們讓球邊旋轉邊飛出時，雖
然平常不會在意到的空氣，但是在此它就扮演很重要的角色了，另外還
有一些除了重力及空氣阻力之外的力量也會對球施以作用力。這股力量
是在 1852 年由馬格納斯（Heinrich Magnus，德國科學家）所發現的，
因此被稱為馬格納斯力（Magnus force）。

▊ 馬格納斯力

介紹馬格納斯力之前，我們必須與被投擲出去的球站在同一立場思
考。這就和為了調查汽車上所產生的現象，必須乘坐在汽車內才能真正
了解實際情形一樣。

飛出去的球會在飛行過程中受到風的阻力。這一點與即使是在無風
的狀態下，坐在行駛中的汽車上，我們也同樣能感受到風的作用力一
樣。因此，可以理解旋轉飛出的球也會產生「旋轉的球受到風力作用」
的現象。旋轉中的球，若受到與旋轉軸垂直方向的風力，球就會對風產
生一個直角方向的作用力。這就是所謂的「馬格納斯力」。

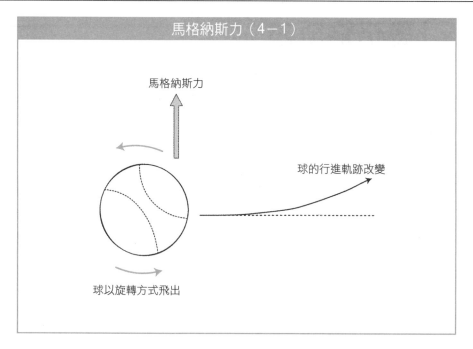

馬格納斯力（4-1）

馬格納斯力

球的行進軌跡改變

球以旋轉方式飛出

　　結果就會如圖4-1所示，旋轉飛出的球會隨著馬格納斯力的方向改變其行進軌跡。在棒球的情況中，若馬格納斯力作用於水平方向，球的行進軌跡就會變成一條弧線；若是朝球的上方施力，則會因為重力的影響而減弱，因此，球即可筆直地朝一直線方向前進。為了控制投手投球後的行進軌跡，在投擲時就必須先使球旋轉。

　　讓球旋轉是不可或缺的球技。除了棒球，也可以在桌球、網球、排球、足球等，發現各式各樣的變化球球技，也因此使比賽變得更有看頭。

　　那麼，究竟為何會產生馬格納斯力呢？

⁴2 馬格納斯力

....

旋轉的球會在氣流中增加一個垂直方向的作用力。

▌ 旋轉球周遭的氣流

讓我們來仔細觀察這些技術球。棒球上有縫線、網球上有細微的毛、桌球沒有光澤等,這都是為了用來攪亂氣流的方法。藉由上述不同的球況,我們即可在旋轉球的周圍,創造出該旋轉方向的氣流。

本章中,我們要來探討「氣流的物理」。這會與先前所提及的牛頓力學有些不同。牛頓力學考慮的是力量對物體作用時的運動狀態。然而,空氣這樣的氣體卻是不斷持續向其他方向擴張、難以捕捉的。

在這樣的情況下,最好著眼於空氣的流動方向。首先,我們先討論該如何用圖表達出氣流的狀態。

▌ 用圖表示氣流的方法

用圖來表達氣流的其中一個方法就是運用天氣預報的「風速圖」。圖中用箭頭符號表示了各點的風速狀態。速度擁有向量,同時也具有方向性及大小,因此可以用箭頭的「方向」表示「風向」、用箭頭的「大小」表示「風速」。球周圍的風速會因為越接近球旋轉的方向,而使風速越大;越遠則風速越小。然而,這樣的表示方法必需將圖繪出來才行,應該找出更簡便的表達方法才是!

在此,我們將風速的方向連結起來,並且以線的方式來表示氣流的方向。這樣的線,被稱為「流場」。還有另外一種可以用圖來表示氣流的方法。我們可以將空氣的流動想像為流場的方向。而速度的大小就用

流場的「間隔」來表示。速度大的地方，流場的間隔就畫得密一些；速度較慢的地方，間隔就大一些。

■ 旋轉飛出的球，其周圍的氣流情形

我們來作一個練習。首先，不讓球旋轉就直接投擲出去，然後試著將該球所受到的風的作用力畫成圖 4－2。由於球的正面會直接面對風的作用力，因此我們可以藉由該圖來想像。然而，若你看到這張圖心裡卻抱持著「球被投擲到遠方是可以用這樣的圖來表示，但是真的可以表達出球所碰撞到的部分，以及球背後的狀態嗎？」這樣的疑問非常有物理學的概念。然而，由於這話題會變得相當複雜，我們可以先以「大概

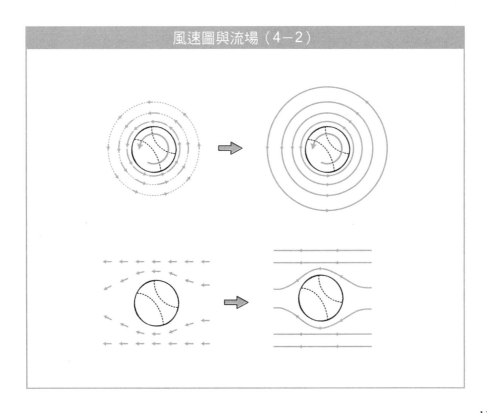

風速圖與流場（4－2）

是這樣的感覺」先進行到下一個階段。

　　之前我們描繪過兩種流場。第一種是因為球旋轉所造成的風的流場。由於空氣是循環地流動，因此被稱為「循環流場」。第二種流場是在不旋轉的狀態下，將球投出所造成的流場。由於幾乎是在同樣的空氣狀態下，因此稱為「直流場」。

　　那麼在旋轉狀態下飛出去的球，其周圍空氣又會怎樣變化呢？這雖然有一些必要條件，但是，簡單來說，只要能夠符合「循環流場」及

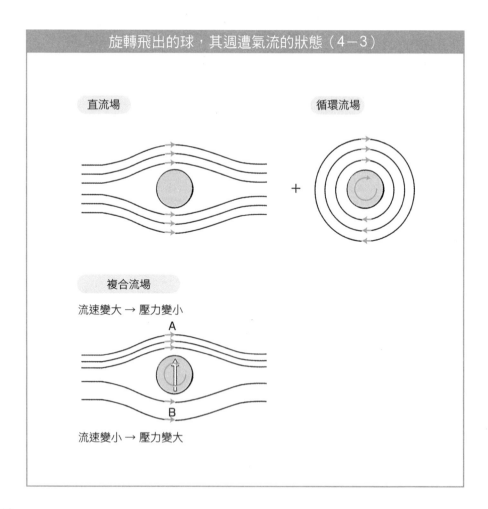

旋轉飛出的球，其週遭氣流的狀態（4－3）

直流場

循環流場

複合流場

流速變大 → 壓力變小

A

B

流速變小 → 壓力變大

「直流場」的條件即可。在此,請試著回想「流場」本來是用來表示空氣的流動與速度。把所有流線合在一起時,若彼此的方向相反,則會削減速度;若彼此方向一致則會增加速度,這樣的狀態也可以用流場的間隔來表示。因此,旋轉飛出的球,其周圍的流場狀況如圖 4-3。與循環流場及直流場相同方向的那一側,其氣流會變強;相反方向的氣流則會變弱。結果顯示,球兩側的氣流速度會改變。

■ 能量守恆定律

我們知道旋轉飛出的球,其兩側的氣流速度會改變。接著,我們就要來思考氣流的速度變化究竟會造成哪些影響?

牛頓力學讓我們了解「當空氣速度變化時,空氣動能也會有所變化。」那麼,這些能量變化的部分又是從何而來?為了思考這些問題,我們就要使用「能量守恆定律」。

從自由落體運動中已經確立了「動能+位能=守恆量」的能量守恆定律。這個定律是從牛頓運動方程式導出的公式。然而,我們要討論的並不是物體,而是如空氣般的氣體,因此並不能使用牛頓的運動方程式。那麼該怎麼處理呢?

事實上,有替代運動方程式的方法。氣體與液體統稱為「流體」,而處理流體運動的方程式,正好和牛頓運動方程式一樣,是以數學形式來表達的。這個方程式將會在 4-4 節中介紹,我們可以藉由這個方程式導出能量守恆定律。這是 1738 年由伯努利(Daniel Bernoulli,瑞士物理學家)發現的,此方程式被稱為伯努利定律(Bernoulli Principle)。

而要讓此定律成立,必需要有許多細部條件,這些我們之後再詳談,在此我們先將焦點放在理解這個定律的意義上。

伯努利定律

　　依照流體的流場來思考時，我們可以確定「動能＋壓力＋位能＝恆定」之能量守恆定律的成立。而這也就是伯努利定律。

　　此時，我們雖然提到了「動（位）能」，但實際上流體並不能視為物體，這點常令人混淆。更正確的說法是，「動（位）能」僅是單位體積相當的「流體動（位）能」。然而，直覺來說我們可以將流體視為該部分的能量。在此新出現「壓力」一詞。所謂壓力，是指與流體單位面積相當的作用力。這些加總起來必定會守恆。話不宜遲，我們立刻來使用方才讓球旋轉飛出的案例吧！

　　首先，由於在這個例子中，高度的變化並不是非常重要，為了更容易理解，在此省略「高度」這個變數。因此，也可以不用考慮位能，伯

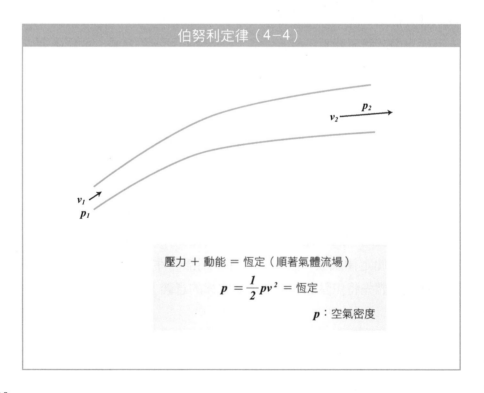

伯努利定律（4−4）

壓力 ＋ 動能 ＝ 恆定（順著氣體流場）

$$p = \frac{1}{2}pv^2 = 恆定$$

p：空氣密度

努利定律就會變成「動能＋壓力＝恆定」。

在剛才的討論中，我們得知旋轉飛出的球，其兩側的空氣速度不同。也就是說，速度快的那側，其動能會變大；速度變慢的，其動能中會變小。然而，基於能量守恆原則，我們得到一個結論，即速度變快者，壓力變低；速度變慢者，壓力變高。由於「壓力」是指與流體單位面積相當的作用力，因此若產生壓力高低差異時，壓力高的一側會向低的一側作用。也就是說，球會從空氣速度緩慢的一方，朝速度快的一方產生推擠的力量。這個力量就是「馬格納斯力」。

■ 棒球與高爾夫

思考馬格納斯力的架構，我們知道為了投出變化球，球必須要藉由旋轉使空氣流動的構造。

其實，棒球球上的縫線就有這樣的效果。順帶一提是，據說這個縫線原本並不是為了要投出變化球而加上去的，單純只是為了方便做出一顆棒球。不過若沒有這個縫線，就無法產生變化球，也許也會因此改變棒球的命運。

高爾夫球上的凹凸也扮演者同樣的角色。然而，高爾夫球的狀況有點不同。其實過去高爾夫球上並沒有凹凸的洞（dimple），而是後來發現使用過較多次，並且受損較多的球能夠飛得更遠，因此才開始在高爾夫球上打洞。那麼，究竟為什麼可以增加飛行的距離呢？

高爾夫球是用球桿來敲球的運動，只要稍微敲到球的下方，球就會產生強烈的後旋力。高爾夫球就會像棒球一樣旋轉飛出。若是產生「後旋」狀態，馬格納斯力就會因此在在球的正上方作用。然後藉由馬格納斯力產生一個向上拉提的力量，而這股「升力」可以讓球飛到非常遠的地方。

如果將空氣當作「空氣阻力」來思考，其僅會阻礙球的飛行。然而，如同上述這個例子，正因為有空氣的存在，高爾夫球才能產生升

力，讓球飛得更遠。這簡直是一個逆向思考！

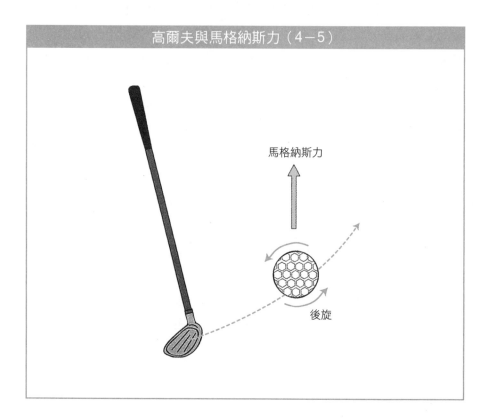
高爾夫與馬格納斯力（4－5）

馬格納斯力

後旋

$^4_3$ 升力

....
讓我們來討論一下飛機升力的架構吧!

■ 常見的升力說明①

先介紹兩種常見的升力。第一種是以「伯努利定律」來說明的。

請試著和飛機站在同一個運作立場思考。飛機必須藉由機翼的噴射引擎獲得推進的力量。當飛機往前移動時,機翼會受到來自前方的風力。而風會被機翼分隔成上下側,然後在機翼後方再次合流。若將飛機機翼的斷面圖做成「流線型」,會發現機翼的上側比下側的距離還長。因此,為了讓被機翼分隔的氣流,到後方再度合流,機翼上側的氣流必比下側的氣流快。

用這樣的概念來看,旋轉的球也一樣只適用於「伯努利定律」。也就是說,由於機翼下方的氣流較慢,空氣壓力即會升高;上側的速度較快,則空氣壓力就會降低。因此,機翼下側會產生一種向上推擠的力量

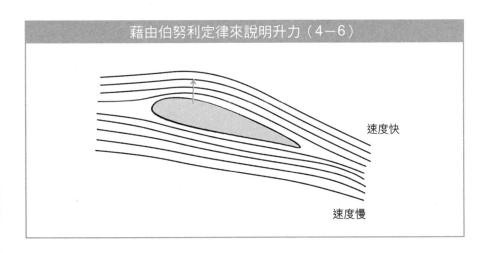

藉由伯努利定律來說明升力(4-6)

速度快

速度慢

到機翼上側。

　　不過，這樣的情況有一個缺點。那就是「為了讓被機翼前方分割的氣流，能夠到後方再度合流，機翼上側的氣流必需要比下側的氣流速度快」。這個部分毫無根據，而且與實際的實驗結果有所差異。除此之外，上述內容的說明並無其他問題。總之，機翼上側與下側的空氣速度會有所差異之「理由」是錯誤的。

■常見的升力說明②

　　還有一種解釋，就是藉由「作用與反作用」來說明。由於機翼的關係，會讓人注意到氣流會產生哪些變化。如圖 4-7，來自機翼前方的氣流，會因為機翼而使氣流產生向下的變化。也就是說，空氣的速度方向有了變化。速度方向改變就是「加速度運動」，因此可以將這種結果當作機翼對氣流施以作用力。反之，作用與反作用定律來看，也可以當作這是氣流對機翼施以相同的作用力。這就是所謂的「升力」。簡單來說就是「氣流碰撞到機翼，因此產生向上的作用力。」

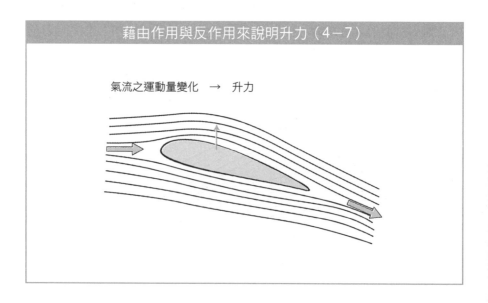

藉由作用與反作用來說明升力（4-7）

氣流之運動量變化　→　升力

上述說明雖然很容易理解，但只不過是針對該現象所做的表面性說明，還無法深入探討到機翼形狀與升力的關係。

■ 升力與渦旋

之後我們還會更進一步說明飛機的升力。如同馬格納斯力理論，這部分說明了「若機翼周圍產生循環流場，則會與風所產生的直流場結合，然後產生向上的升力。」不過，在機翼根本就沒有旋轉的狀況下，要怎樣產生循環流場呢？為了回答這個問題，我們必須更深入了解流體的性質。

飛機啟動時，機翼周圍會產生「直流場」。此時，若機翼上下的風速相同，就會因為機翼的形狀使得上側比下側的氣流更快抵達機翼後方。而這個氣流會因為空氣的粘滯性而迴轉到上側，因此產生渦旋。接著，這個渦旋會立刻從機翼上剝離，並且被氣流壓制流向後方，之後即成為經常性的流動（圖4－8）。

實際觀察機翼周圍的空氣流動狀況，即可發現上述的現象。由於渦旋是一種旋轉運動，因此會帶有角動量。飛機啟動時的角動量為零，而且考量到角動量守恆定律後，若發現後方產生渦旋，則機翼上方勢必會產生與之逆向旋轉的氣流（流體物理中是以赫爾姆霍茨的渦旋定理（Helmholtz Vortex Theorem）來作說明的）。因此，我們可以確認渦旋是因為機翼而產生的「循環流場」。由於造成渦旋的架構內容不同，一但循環流場產生，就會符合馬格納斯力的說明，即可確定會產生向上的升力。

經過這些常見的升力說明，在沒有根據的理由下，我們仍可以做出「機翼上方的氣流流動速度較快」的結論。當然其中必須包含流體產生渦旋之相關理論。

如前述內容，我們將流體性質考量進去後，幾乎可以完整說明何謂「升力」了。乍看之下彼此好像沒有關係的變化球與升力，實際上竟然

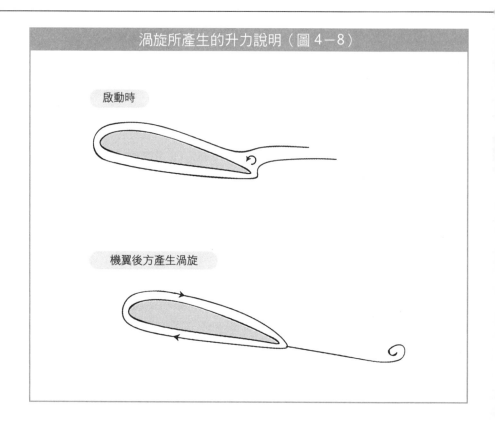

渦旋所產生的升力說明（圖4-8）

啟動時

機翼後方產生渦旋

其實這個部分還有一個伏筆。就是流體的「粘滯性」問題。在目前為止的升力說明中，好像不論任何狀態皆可以產生升力。不過，實際上會有「機翼角度過大時，即會失速」也就是指「升力為零」的現象。下一個章節中，就會探討在這樣的狀態中、扮演重要角色的「粘滯性」。

4 流體物理

　　流體力學開始時，先經由不斷研究無粘滯性的流體，其後才逐步完成具有粘滯性的流體方程式。

流體力學

　　先前我們針對空氣流體性質舉出了一些實例，讓我們得以用直覺來理解。這一節中，則要針對一些基礎的流體力學，作更有系統的整理。

　　空氣或水等氣體或液體統稱「流體」，與流體狀態相關的學術定律稱為「流體力學」。如同物體運動產生牛頓力學般，流體運動也有創造出基礎的方程式。然而，因為流體運動相當複雜，因此我們必需要分為兩階段來說明。

　　其複雜程度可以在日常生活中發現。例如，在杯裝咖啡中倒入牛奶，即可以產生非常複雜的圖樣。而之所以會產生這樣的複雜性是因為流體具有「粘滯性」的特質。在此所謂的粘滯性，是指流體的「粘稠度」。若粘滯性較弱，流體就會整齊劃一地流動，處理起來較為簡單；若粘滯性較強，流體各部分則會受到滙集而來的複雜力量，因而產生非

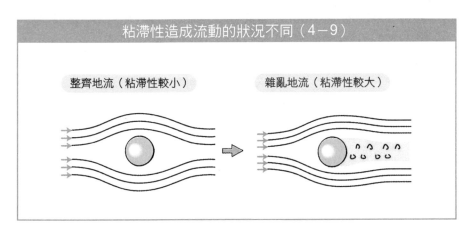

粘滯性造成流動的狀況不同（4−9）

整齊地流（粘滯性較小）　　　雜亂地流（粘滯性較大）

常複雜的運動狀態。

　　流體方程式是先研究沒有粘滯性的流體，然後建構出流體力學的基礎後，才進展到具有粘滯性的流體。

■ 理想流體

　　讓我們從沒有粘滯性的流體運動開始研究流體。沒有粘滯性的流體稱為「理想流體」；而想出與流體相關的基礎方程式的人是歐拉（Leonhard Euler，1707～1783）。歐拉活躍於數學與物理學之間，他對牛頓力學在數理學發展方面有非常大的貢獻。他所發現的方程式，被稱為「歐拉方程式」。

　　流體運動方程式和牛頓力學一樣「受力時，流體內部會產生加速度」。然而，流體並沒有固定的型態，它是可以自由變化的，所以整體並不會受到同樣的加速度。因此流體各個部分所承受的作用力，必須取決於該部分的加速力。

　　由於流體可自由變化，所以流體內若有某些部分開始運動時，密度便會隨之變化，因而產生出「壓力」，然後傳達、影響到流體其他的部分。由於這些影響要代入方程式，因此歐拉方程式中必須要加入壓力

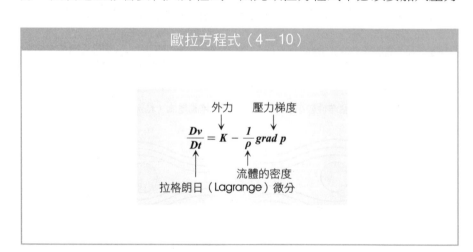

歐拉方程式（4－10）

外力　　壓力梯度

$$\frac{Dv}{Dt} = K - \frac{1}{\rho} \, grad \, p$$

拉格朗日（Lagrange）微分　　　流體的密度

（正確來說是指壓力梯度（Pressure gradient method））的因素。

　　用文字來表達歐拉方程式，可以表示成「流體各部分的加速度＝外力＋流體內部的壓力梯度」。而作用力產生加速度這點和牛頓力學相當類似。

■伯努利定律之定位

　　使用牛頓運動方程式，即可逐一計算物體會如何隨著時間運動。同樣的，若使用歐拉方程式，即可計算出「理想流體」將會如何流動。因此歐拉方程式可以說是牛頓運動方程式的流體版本。

　　使用牛頓運動方程式，可導出能量守恆定律。那麼，我們是否也可以用同樣的方法導出歐拉方程式？答案是肯定的，這就是所謂的「伯努利定律」。如同我們前面所討論過的，伯努利定律會沿著流體流線以「動能＋壓力＋位能＝恆定」的形式來表示能量守恆。

　　針對將理想流體作為計算對象的歐拉方程式，建立了伯努利定律。此外，為了反映出歐拉方程式中與「壓力」相關的項目，也必須考慮到「壓力」這個因素。前一節中，曾經妥善運用壓力與動能的關係來說明馬格納斯力及升力。

■理想流體與實際的流體

　　以伯努利定律來說明馬格納斯力與升力，即是將空氣視為一種「理想流體」的意思。不論空氣流動是否有粘滯性，皆應視其具有極小的影響力。這個假設是真的嗎？答案是，有一半是對的；有一半則是錯的！

　　1744 年達朗貝爾（Jean Le Rond d'Almbert，1717～1783）針對理想流體的性質，證明了「在等速狀態下，在理想流體中流動的物體，不會產生抵抗。」之事實。當粘滯性完全為零時，流體只會順暢地流動，即使遇到障礙物也會打轉，但是卻不會受到抵抗。換句話說，所謂的空氣

阻力並不存在。這被稱為達朗貝爾悖論，若被當作流體來處理時，就必須要考慮到粘滯性的問題。

如此一來，這不就和前述說明過的馬格納斯力及升力完全不同了嗎？其實並不是如此。因為這可以證明即便是在理想流體的狀態下，循環流場與直流場相互重疊後，就會產生「升力」。這被稱為「庫塔—賈可夫斯基定律」（Kutta—Joukowski）。問題是「循環流場是如何產生的？」技術球的情況下，球表面與空氣間若沒有粘滯性就不會產生循環流場，機翼的情形也一樣。因此，這就必須考慮到粘滯性的問題。然而，產生循環流場後，整體的空氣流動就可以視為理想流體來處理。即可以用粘滯性來折衷說明馬格納斯力及升力的情形。

不過，若針對如倒入咖啡中的牛奶般複雜的流體運動，就需須認真考慮流體的粘滯性本質。在實際應用方面，對於用來理解大樓、橋等建築物；汽車、新幹線、飛機等交通工具週遭複雜空氣流動之本質相當有幫助。

■具有粘滯性之流體方程式

用來處理粘滯性的流體方程式，是在 1826 年時，由納維及斯托克斯所發現的。他們在歐拉方程式中加上粘滯性參數，此方程式被稱為納維—斯托克斯方程式（Navier—Stokes eguations，簡稱 N—S 方程式）。

然而，若要解這個方程式是非常困難的，必需要一一代入各式各樣的參數後才能解答（亦可稱為解析），而且此方程式可適用的情況也非常有限。因此，一直無法針對具有粘滯性流體進行持續性的研究。

不過現在我們可以藉由電腦，用這個方程式來計算各式各樣的問題。例如，欲計算一個形狀複雜的物體，其週遭的風的流動情形，我們就可以用電腦進行數值方面的計算，然後直接呈現於螢幕上。如此一來，我們就可設計出各式各樣形狀的物體或交通工具了。

納維—斯托克斯方程式（4－11）

流體不會減少的情況

$$\frac{Dv}{Dt} = K - \frac{1}{\rho}\,grad\,p + \boxed{\frac{1}{\rho}\,\mu\,\triangle\,v}$$

粘滯項目

μ：粘滯性比率

Column 專欄　中子星與角動量守恆定律

　　宇宙是可以在一秒鐘內以驚人的速度自轉數次到數百次的神奇天體。即便是在如此高速旋轉下，離心力仍然能維持恆定、不會偏離，這可能是因為天體的重力相當強。從這樣的天體上發現，來自宇宙非常有規律且具有脈衝波

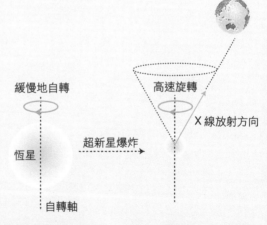

緩慢地自轉

高速旋轉

X線放射方向

超新星爆炸

恆星

自轉軸

狀的電磁波。由於它是非常具有規律的信號，所以一開始還有人認為那是來自智慧型生命體（宇宙人）的信號。

　　然而，這個脈衝波形狀的電磁波，可以用星球旋轉的架構來說明。星球會一邊放出與其自轉軸相反方向的電磁波，一邊進行高速自轉，彷彿燈塔般，週期性地照亮四周。從地球也可以觀測到這個脈衝

波形狀的電磁波。

　　那麼，為什麼會有如此高速旋轉的星球呢？這個必須要使用許多物理學理論來說明，在此我們就僅先簡單描述結果吧！

　　擁有太陽質量 3～8 倍的星球，其生涯末期會因為大爆炸，而四散噴射成為粉末。然而，擁有太陽質量 8 倍以上的巨大星球，被認為在爆發後，其高密度的核心應該會被殘留下來，此核心則被稱為「中子星」（Pulsar）。此外，當恆星的質量非常大時，就會產生黑洞。這樣的星球在生涯末期的爆炸稱為「超新星爆炸」。由於，超新星爆炸可以被視為是星球半徑突然變小的現象，因此依據角動量守恆定律，自轉速度會變快。

　　超新星爆炸的觀念，是因為在 1987 年時，人們觀測到超新星爆炸時所釋放出的「微中子」而被初次確認的。成功觀測超新星爆炸的小柴昌俊，也因此獲得 2002 年諾貝爾物理學獎。

第 5 章

電與磁

19世紀初，厄斯特（Oersted，1777～1851）發現了電與磁間具有密不可分的關係。接著隨著法拉第（Michael Faraday，1791～1867）、安培（André Marie Ampère，1775～1836）等人的活躍，亦使得電與磁的研究急速發展。馬克斯威爾（James Clerk Maxwell，1831～1879）完成了電磁學，並預言了電磁波的存在。19世紀末，電磁波終於被發現，人類也開始透過電波進行通訊。

⁵1 電場與磁場

　　帶有電與磁的物體，其周圍的空間即具有電場與磁場的特性。

■ 超距作用與近距作用

　　我們若將磁棒接近羅盤，磁針即會產生震盪。這是外表可以看到的現象。現在就讓我們再次討論為什麼會有這樣的現象吧！

　　我們可以將這樣的現象簡單用「磁力在分離的兩塊磁石間作用」來說明。從「分離的物體之間有遠距的力量作用」看來，會發現這個現象有點類似萬有引力。雖然我們很容易理解物體會因接觸而產生作用力，然而分離的物體間也會有作用力卻令人覺得不可思議。為什麼分別在不同位置的物體間，會知道彼此的存在，進而產生磁力及萬有引力呢？

　　有一種說法是，「雖然不清楚其中的理由，但是分離的物體之間的確有一股力量在運作。」只要把它當作事物的本質即可。這是從「超距作用」的立場來看這個現象。牛頓萬有引力也是藉由這樣的想法而獲得成功的結果。

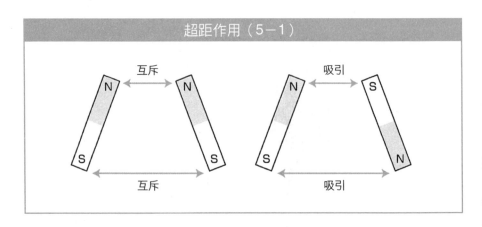

超距作用（5－1）

還有另一種想法認為，分離的物體之間其實並沒有直接的作用力傳導，而是「在物體間有一種不知名的媒介來傳達作用力。」可以視為是一種「近距作用」。說是「不知名的媒介」好像有些曖昧，不過，若真的有這樣的物體存在，也只不過是超距作用罷了。

近距作用

讓我們試著以簡單的範例來思考。首先準備兩個音叉，並讓其中一個音叉鳴響。於是，我們會發現分處不同位置的另一個音叉，其也會跟著一起鳴響。從超距作用的立場來看，可以得知「兩個分離的音叉，只要其中一個被敲響，另一個也會跟著響。」另一方面，若想從近距作用的立場來看，則會發現「音叉之所以會響是因為震動的關係。」也就是說，音叉的震動會傳導給周圍的空氣，使另一方的音叉也跟著震動。此時，就會透過空氣這樣的媒介物質進行物理性的震動，並且傳導影響。

如此一來，超距作用僅能單純說明這個現象，但是近距作用的想法

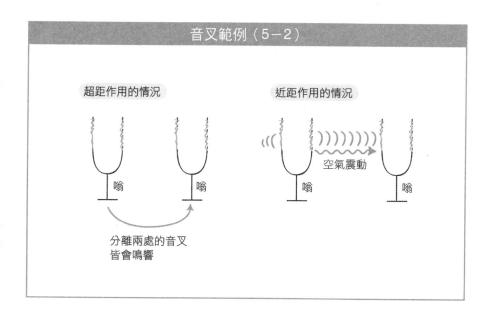

音叉範例（5－2）

超距作用的情況　　　　　　近距作用的情況

空氣震動

嗡　　　嗡　　　　　　嗡　　　嗡

分離兩處的音叉
皆會鳴響

卻能夠更深切地探究該現象所引起之原因。另一方面，若僅著眼於原因與結果，當面對同樣結果的狀況時，運用「超距作用」的說法會較為簡單。

然而，這其中的關係並不這麼簡單。這將是本章及下一章將說明的一大主題。

■ 法拉第的想法

讓我們回到磁石的範例。磁力和萬有引力不同，即使磁力被視為是一種近距作用，我們也能夠輕易用直覺來理解。

舉例來說，用一個塑膠製的墊子，將磁棒放在墊子下方，並在上方撒上鐵粉，就可以看到其會產生的特殊圖樣。看到鐵粉的圖樣，是否能夠想像得到磁石的特性會滲透到磁石的周圍？總覺得我們應該可以從鐵粉的圖樣感受到「磁石特性能夠滲透到空間之中。」若要表示該圖樣，可以用各點磁力的「方向」與「強弱」。這樣的想法會令人覺得和前一章的流體觀念類似。

如欲表示流體流動時，各點的「方向」與「強弱」狀態，就必需導入速度分佈與流線的概念。同樣的，若想要直覺式地表示空間內的磁性，也可以用同樣的分佈與流線來表示。在此我們稱為「場」與「力線」。在討論電的情況下，稱為「電場」與「電力線」；在磁的情況下，則稱之為「磁場」與「磁力線」。這是用來表示眼睛無法看到的電力與磁力，在空間內各點的大小與方向。針對「分離的兩個物體間，有電力與磁力在作用」之現象，「帶有電與磁的物體，首先會影響周圍空間內的電力與磁力，接著再透過該空間的傳播，傳導到分離的另一個物體上。」

首次導入這種力線概念的是法拉第。隨後他又證實了許多力線的性質，成功地說明了電與磁的各種現象。將力線的想法用在以近距作用的立場說明超距作用的現象時，非常有用。而且這對於電與磁物理、重力

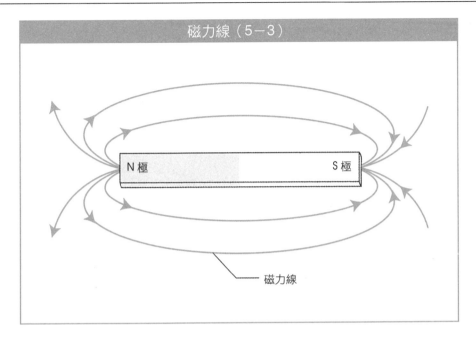

磁力線（5－3）

N 極

S 極

磁力線

物理、甚至現代物理學基礎之理論皆相當重要。

■ 電力

也有一些實際產生電現象的例子。每個人都應該有過像是冬天脫掉毛衣時，感覺有靜電殘留的經驗。帶有電的實體稱為「電荷」。電荷分為正極與負極。正電荷與負電荷各會與帶有相同電荷的物體相斥，並與帶有相反電荷的互相吸引。像這種分離電荷間所產生的作用力，即是一種超距作用的概念。

測量在兩個電荷間產生作用的電力時，其會與各自所帶有的電量成正比，並與電荷間距離的平方成反比。此作用力被稱為「庫侖力」。

實際上，若用質量來對照與電荷的關係，就可以得知其與萬有引力是一樣的。這對下一章節將談論到的原子構造概念而言非常重要。然而，其中也有不同的地方。「電」可分為正極與負極兩種。萬有引力經常為

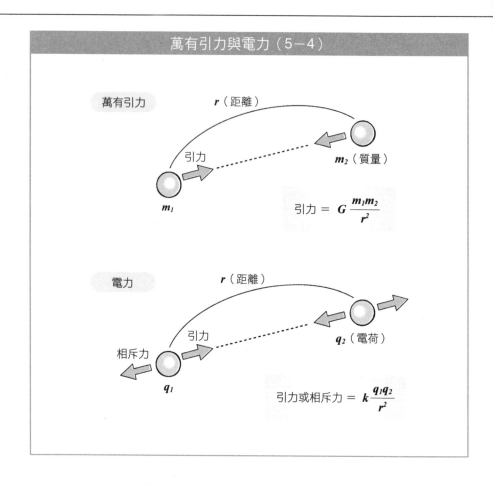

萬有引力與電力（5－4）

萬有引力

r（距離）

引力

m_2（質量）

m_1

$$引力 = G \frac{m_1 m_2}{r^2}$$

電力

r（距離）

相斥力　引力

q_2（電荷）

q_1

$$引力或相斥力 = k \frac{q_1 q_2}{r^2}$$

引力，但是電力卻還有「相斥力」。

■電力線

　　在此，我們就用電場與電力線來討論「電力」吧！首先，先試著想像帶電的物體，其周圍空間各點會有哪些作用力？接著，再於各點上放置已決定大小的電荷（單位電荷），以測量其作用力。作用於各點的單位電荷上之力，稱為「電場」。將電場連結起來後，則為「電力線」。電場主要是使用計算公式來表示的物理學；然而，不使用計算公式的電

力線物理學，卻比電場還容易被理解。

電力線具有以下的特質。如圖 5−5 所示：❶從正電荷出，負電荷入，出入途中並不會被消滅或是分歧、❷力線間彼此相斥且會短縮。當我們理解這些電力線的特質後，正極與負極、各個帶有相同符號的電荷間，會如圖所示從兩邊的電荷產生電力線，而電力線間彼此相斥的結果，即可發現其中有相斥力在作用著。另一方面，帶有不同符號的電荷之間，由於電力線會從正極進入負極，以及電力線短縮的關係，我們即

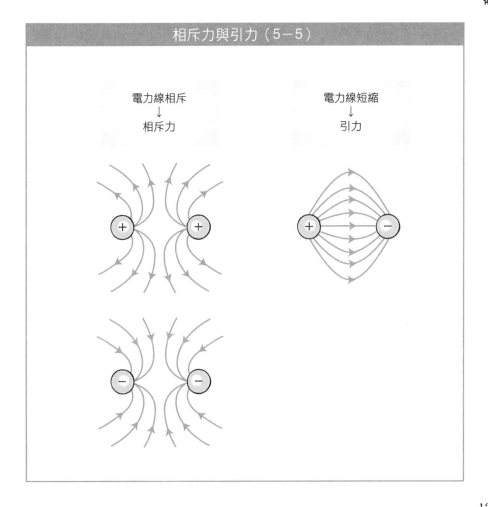

相斥力與引力（5−5）

電力線相斥
↓
相斥力

電力線短縮
↓
引力

可理解其中具有引力。上述這些電場與電力線，就是一種近距作用的概念。

磁力與磁力線

接著讓我們來討論「磁石」。磁石對周圍空間產生的磁性作用，也可以用處理電力的方式來表示。電場所對應的是「磁場」；與電力線對稱的則是「磁力線」。該空間若放有羅盤即可測得周圍空間各點的磁場大小。當與該磁場方向有所連結時，則可測得「磁力線」。磁力線帶有「從 N 極出、S 極入，出入途中不會被消滅或是分歧」的特質。

如圖 5－6，從超距作用的立場，可以說明「N 極與 S 極，彼此都會與帶有相同磁性的磁力相斥、與不同磁性的磁力相吸」之關係。另一

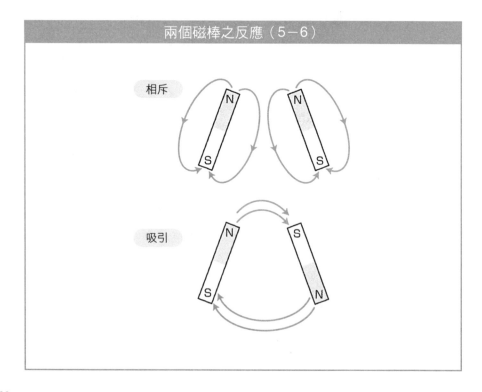

兩個磁棒之反應（5－6）

相斥

吸引

方面，從使用磁力線之近距作用立場來看，如圖所示即可說明「N極與N極接近時，磁力線會排斥而產生相斥力；N極與S極接近時，磁力線會短縮而產生引力」之關係。

　　以上兩種超距作用與近距作用的概念，說明了電力與磁力的特性。若只是說明的方法不同，那麼在近距作用的概念中，場與力線這些額外的東西，只會顯得多餘。然而，也會發生如後續所述的情形；像是沒有電荷時卻有電場、沒有磁石卻有磁場。如此一來，我們會發現電場與磁場其實並不是用來說明的，而是要有「物理性的實體」。理解上述所提及的「場」才是真正的本質。

Column 專欄　磁單極子

　　透過場與力線的說明，想必各位已經得知電與磁處理起來非常類似。然而，這絕非偶然。本章最後會提到關於電磁波，相信經過說明後，我們就會知道電與磁其實是對等的東西。

　　然而，電與磁有一個非常大的差異。雖然會有只帶正極電荷與只帶負極電荷的物體，但是截至目前為止，在磁荷方面卻沒有看過只有N極或S極存在的物體（磁單極子）。N極與S極總是成雙成對的出現。在不斷精進的物理理論中，即使有磁單極子存在也不錯，而且它會被視為與宇宙開始時有所關聯。

電與磁及原子

當我們欲探求「什麼是電與磁」時，就必需跳到原子的部分。接下來介紹原子的太陽系模型。

■原子

當我們緊追不捨地探討「電荷與磁荷的源頭」時，就要討論到物質成立的根本，意即「物質究竟從何而來。」這個問題從古至今都倍受人矚目，也一直是哲學領域的命題。希臘哲學家德謨克列特（Democritus）提倡「無法再細分」的「原子」概念。然而，透過實驗確認原子存在，只不過這是 100 年前的事情。

從德謨克列特提出「無法再細分」的概念，表示可以將物質不斷分割成兩個物體。然而若最後想要將物體變成原子，就要將 1 公尺的物體分割到 10 億分之一等份的大小。所以想要捕捉原子的真正面貌，並不是件容易的事情。

■原子的太陽系模型

19 世紀末開始，人們逐步闡明原子的世界，當時已經得知會有帶負電的「電子」。此外，由於原子帶有中性電，因此會聯想到應該還會有帶正電的物質。然而，帶有正電的物質與帶有負電的電子究竟是以怎樣的形式存在，至今仍是個謎。例如，J.J.湯姆森（Sir Joseph John Thomson，1856～1940）把其想像成一個西瓜模型，西瓜籽代表電子，而其他果肉部分則是帶有正電的物質。

針對此問題，長岡半太郎於 1903 年所發表的「土星型模型」踏出了重要的一步。其實這個原子模型並沒有實際經過驗證，他的靈感來自土

J.J.湯姆森的西瓜型模型（1903 年）

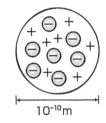

如西瓜籽，帶有 ⊖ 的
電子散落其中

10^{-10}m

長岡的土星型模型（1903 年）

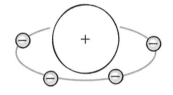

電子有規則地環繞在
⊕ 的電氣的周圍

拉塞福的太陽系模型（1911 年）

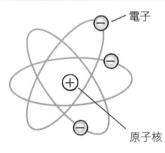

電子

電子的行進軌道不一
定要在同一平面上

原子核

5

電與磁

星周圍所圍繞的環與衛星，他把中心稱為原子核，是帶有正電的塊狀
物，其周圍則是帶負電的電子在公轉著。的確，電力與萬有引力的型態
相同，原子構造與天體構造間好像又有些類似。這樣一想，土星型模型

日本的物理學

　　物理學是在希臘產生概念的源頭，在歐洲進一步發揚光大的。19 世紀中旬，歐洲急速發展物理學之際，日本正逢明治維新時期。當時日本調整了大學體制，開始藉由來自歐洲的外國人教授，將歐洲的學問移植進入日本。

　　長岡半太郎，是當時大村藩士長岡治三郎的長子。1887 年自東京帝國大學畢業後，即拜外國教授 C.G. Knott 為師，1893 年赴德國留學和赫爾姆霍茨及波茲曼（Boltzmann）學習。1896 年回國後，成為東京帝國大學教授。1903 年發表土星型模型。

　　開國以來，日本物理學歷經 40 餘年順遂地成長，並在 20 世紀初產生一些獨創的成果。在 20 世紀初的「相對論」與「量子論」等物理學大步躍進的時期，日本可以說剛好也在其中參了一腳。

好像有點希望，但是，當時仍無法確認正電荷是否集中在中心點的部位。若用於前述的電磁學，這個模型也會有這個致命的問題點存在。

　　發現原子中心部位帶有正電塊狀物的是拉塞福（Rutherford）。他在 1911 年經由實驗確認，正電塊狀物周圍會如太陽系般，環繞著帶有負電的電子，因而提倡「太陽系模型」。

　　如此一來，原子及過去一直存在的電磁學問題即可被闡明。我們可以透過太陽系模型來表示電流等現象之電荷，以及其原子核周圍所環繞的電子。此外，也可以從該電子求得磁性的來源。

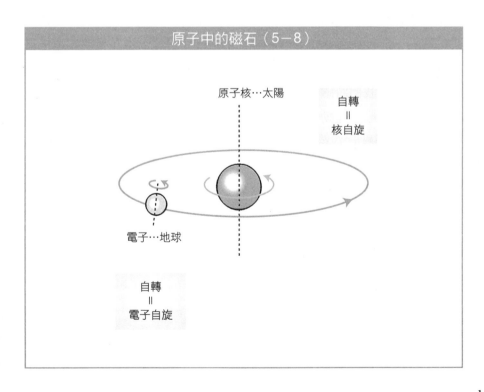

原子中的磁石來源

　　將原子核比喻為太陽、電子比喻為地球等行星太陽系模型，本身具有相當深遠的意義，甚至可以發現它能夠對照到非常細微的部分。太陽系所有的質量就是太陽，原子所有的質量就是原子核，這兩者非常類似。太陽自轉可以對應到原子核「自轉」。再者，環繞太陽公轉的地球也可以對應到電子；而地球自轉也可以對應到「電子自旋」。實際上，電子的自旋（spin）就是磁石的來源，這點與後續要敘述地球磁場是由地球自轉而產生之事實非常類似。

　　接下來，我們來深入探討一下「電子自旋會成為磁石的來源。」磁石有 N 極與 S 極，但是無法像電荷可以單獨表示正極與負極，它必須成對來表示。即使將磁石分割，其各自的兩端也會再出現 N 極與 S 極。

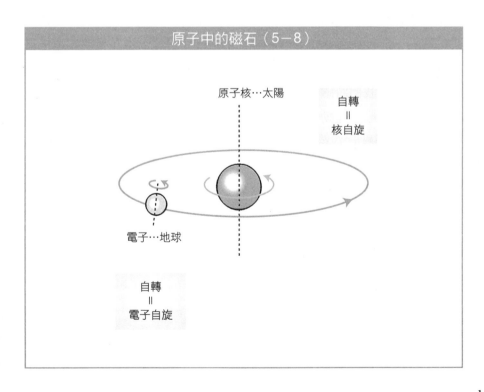

原子中的磁石（5－8）

原子核…太陽

自轉
＝
核自旋

電子…地球

自轉
＝
電子自旋

即使反覆進行分割，這個性質依然不會改變，就算藉由分割達到原子，它仍具有N極與S極配對的磁性現象。這就是電子自旋，磁石的來源。

■ 磁石

物質是由無數個原子產生的。各個原子皆是以電子自旋的形式，成為磁石的來源。那麼究竟要如何才能成為磁石呢？

單獨的電子自旋起來力量較弱，要成為磁石，每個電子自旋所產生的磁場方向必需一致，這樣合起來磁力才會變強。因此，要讓無數原子中的電子自旋方向一致才行。

氣體或液體的情況下，由於有無數的原子在移動，雖然會有些例外情況，但是若沒有經過電子自旋，即無法成為磁石。固體的情況下，由於原子已經有確定的位置，因此可以在無數原子中處理電子的自旋。實際上，某種物質會藉由電子群的力量，使電子自旋朝同一方向，成為強力的磁石。詳細內容必須要透過原子物理學作解釋，重點是要知道是否能夠變成磁石與電子是否能朝同一方向自旋。

那麼，若我們將磁石加熱又會變得如何呢？溫度越高，組成磁石物質中的電子與原子運動就會變的更劇烈。於是，原本朝同一方向自旋的電子就會變得亂七八糟，而逐漸失去磁性。而此時產生的溫度，稱為「居禮溫度」。例如：鐵會在 1,540℃時溶解，而欲想鐵失去磁性時，所需的居禮溫度則略低，約為 770℃。

磁石（5-9）

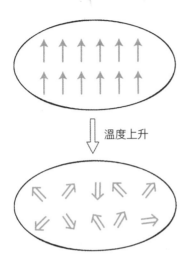

自旋方向一致時，會產生
強大磁力

↓ 溫度上升

朝向雜亂的方向，會因而喪失
磁石的功能

自旋

　　一般認為電子大小為零，是沒有內部構造的東西。即使實際測量電子的大小，雖然是在測量準度範圍內，卻仍為零。當電子群以超高速彼此碰撞，也不會因此被撞壞或從電子中掉出些什麼。由於構成物質要素被稱為粒子，因此上述的物質便稱為「基本粒子」。

　　「大小為零的東西自轉」這件事情聽起來是否有點奇妙？把電子自旋看成是自轉好像有點不合理。若要真正理解其中的關係，就要接觸量子論的物理，在此我們暫時不談得那麼深入。

　　此外，雖然說「磁石的來源是因為電子的自旋。」但是，也許會有人想「那麼，原子核的自旋又會是如何呢？」這仍然可以用磁石來表示。就如同，在醫院用來觀測身體內部及腦部的斷層圖像的MRI裝置，即是利用氫原子核的自旋原理。

$^5_3$ 產生電流的磁場

電流附近的磁針會接受到來自電流的作用力。發現此事後，電與磁的物理開始急速發展。

電流與磁場

1820 年，丹麥的厄斯特發現「電流附近的磁針會接收到來自電流的作用力。」闡明世上除了磁石之外，也會有產生磁場的物體。

這個發現立刻傳遍了法國。接著在 1822 年，安培發現並發表「磁場會依照電流方向，順時針產生同心圓狀，其強度與距離成反比。」這被稱為「安培定律」。關於電流方向與所產生之磁場方向，由於右螺絲迴轉方向與螺絲的前進方向一致，因此可以把它想成是右螺絲。此外，用來表示電流強度單位的安培，即是來自安培之名。

接著，讓我們來探討非直線，而是指在環狀電線內的電流狀況。如圖 5－12，用安培定律來觀察環狀電線內各點的磁場狀況，因此能夠發

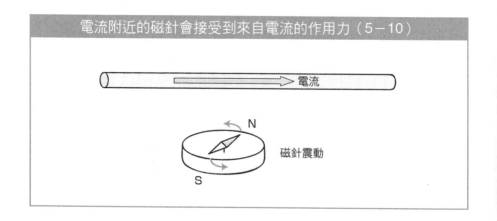

電流附近的磁針會接受到來自電流的作用力（5－10）

電流

N

S

磁針震動

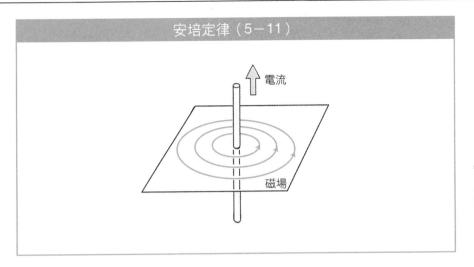

安培定律（5－11）

電流

磁場

現產生環狀電流的磁場與磁棒所產生的磁場是同一種形狀。產生該磁場的環狀電流可作為磁石，在我們日常生活中扮演著許多重要的角色。

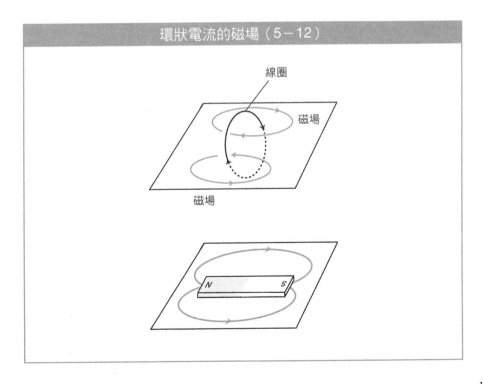

環狀電流的磁場（5－12）

線圈

磁場

磁場

N　S

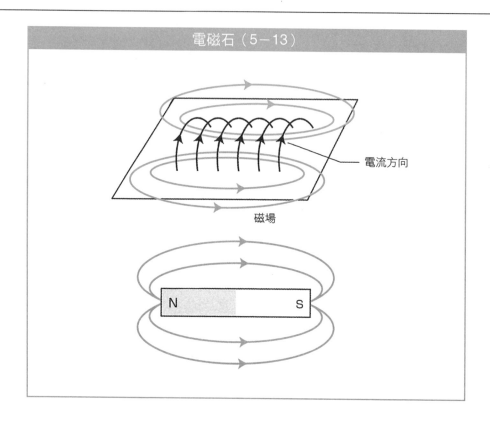

電磁石（5—13）

電流方向

磁場

N　　　　　　　　　　S

■ 電磁石（電磁鐵）

　　在環狀電線中流動的電，可以產生如磁石般的磁場。線圈圈數越多磁場越強。如果線圈繞了 1,000 圈，就可以獲得 1,000 倍強的磁場。

　　當電通過線圈，電線的每個地方都會依照安培定律產生磁場（圖5—13）。此時，就會與鄰近方向迥異的磁場相互抵消。整體來說，線圈磁場與磁棒的磁場相同。由於線圈僅有在電流通過的時候擁有磁力，因此被稱為「電磁石」。如果想要製作更強的電磁石，可以在線圈的中心放入鐵棒。線圈的磁場就會整頓鐵棒的自旋狀態，並以該效果增強磁力。

　　雖然磁石並不會使磁場的強度有所變化，但是電磁石會改變電流強度，並且能控制磁場強度，因此可以製作出各式各樣有用的裝置。

▊電磁石與揚聲器

　　揚聲器與耳機都是利用電流強弱來改變空氣振動的裝置。為了使空氣震動,而添加了一層膜;然而為了使這層膜震動,還要在這層膜上加上線圈。接著,再於線圈的背後放置磁石。

　　當電流通過線圈,線圈就成為依電流強弱而變化強度的電磁石。於是,背後的磁石就會根據該強度而將力作用於線圈上,使膜產生震動。因此,我們即可透過這樣的架構使電流訊號轉換成聲音的震動。

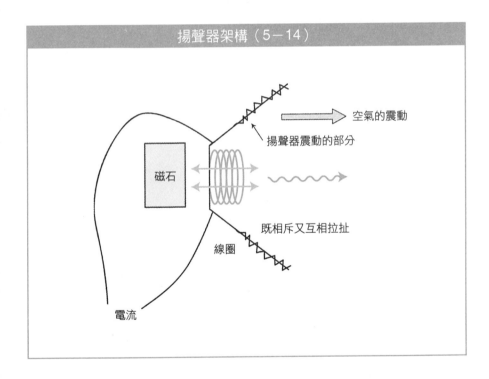

揚聲器架構(5-14)

空氣的震動

揚聲器震動的部分

磁石

既相斥又互相拉扯

線圈

電流

$\overset{5}{4}$ 電磁力

當電流通過磁場中的電線時，電流即會受到作用力。此作用力稱為電磁力。

電磁力

若在磁場中放置電線，並使電流通過其中，會產生什麼情況呢？現在就用法拉第磁力線來探討這件事情。

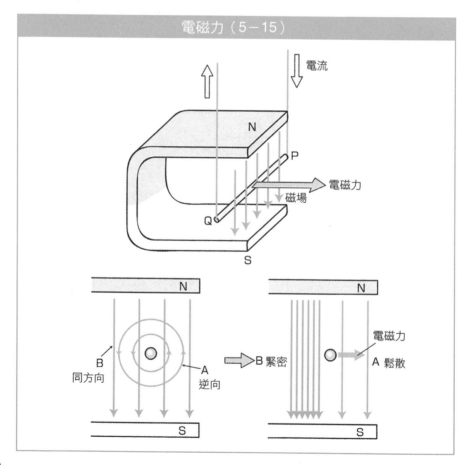

電磁力（5－15）

如圖 5－15，在上方為 N 極下方為 S 極的磁石間放置一條電線。磁石間即會產生一條由上向下的磁力線。因此，將電線的電流從 P 點流向 Q 點，電流所產生的磁力線會呈現逆時針方向。接著，由於圖中 A 點上兩條磁力線的方向相反，因此磁力較弱；B 點上兩條磁力線的方向一致，因此磁力較強。用圖來表示的話，B 點較為緊密、A 點則較為鬆散。

因此可以發現「磁力線彼此相斥」，所以作用力會從 B 點到 A 點。也就是說，可以預測出電流中會有作用力作用。此作用力稱為「電磁力」。

佛萊明左手定則

電磁力、電流、磁場皆具有向量（vector），這些方向的關係有些複雜。佛萊明（John Ambrose Fleming，1849～1945）想到可以用手指來簡單闡明這其中的關係。

如圖 5－16，左手中指為電流，食指即可對應到磁場，而拇指的方向就是電磁力了。這就是所謂的「佛萊明左手定則」。雖然對於「定則」一詞會有些疑問，不過慣例上就是這樣稱呼。三種向量與手指之間

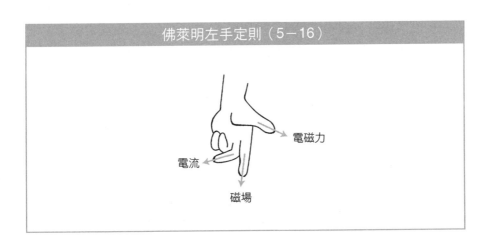

佛萊明左手定則（5－16）

電磁力

電流

磁場

的關係，依序為拇指 → 食指 → 中指，各自對應到作用力 F、磁場 B 以及電流 I，我們可以用「FBI」來記這樣的順序，相反的也有人反過來用「電‧磁‧力」來記。接下來本書可以參考左手定則的圖。

■ 洛倫茲力

目前為止已經探討了磁場方向與電流方向成直角的情況。即使在不是直角的狀況下，也僅會依該角度變換作用力的強度，到頭來還是只有電磁力在作用。此外，將電流視為「擁有電荷的粒子，並以某種速度運動的現象」時，即使不是在電線中，擁有電荷的粒子若在磁場中以某種速度運動，則可以因此認定其會產生作用力。然而，這樣一來狀況就會變得更複雜了，所以必需用數學公式來表示。

由於進行上述推論的是洛倫茲（Hendrik Lorentz），因此普通的電磁力統稱為「洛倫茲力」。

■ 電磁力與馬達

只要妥善運用電磁力，我們即可製作出「馬達」。

如圖 5-17，若我們將四角形的線圈放置於磁場中，即會產生電氣，並在線圈內流動。由於線圈是位於磁場內的，因此線圈電流中會產生電磁力。電磁力在圖中的 A 點位置是向下的；B 點位置則是向上。藉由這股力量，即可以使線圈旋轉。如此即是一個簡單的馬達裝置架構。

讓我們從其他的觀點來看。使線圈流動的電流，由於會和磁棒產生相同的磁場，如圖所示，我們可以將其視為磁棒來探討。由於該磁棒與原本磁石間的相斥力與引力同時作用，因此會使磁石產生旋轉。

在現代社會中，我們所到之處都在使用馬達。因此生活中使用了許多馬達，例如：電車、電梯、自動門等，甚至像是每天所使用的電腦硬碟裝置等。雖然是抽象的電與磁定則，但大家都非常能夠了解其重要性。

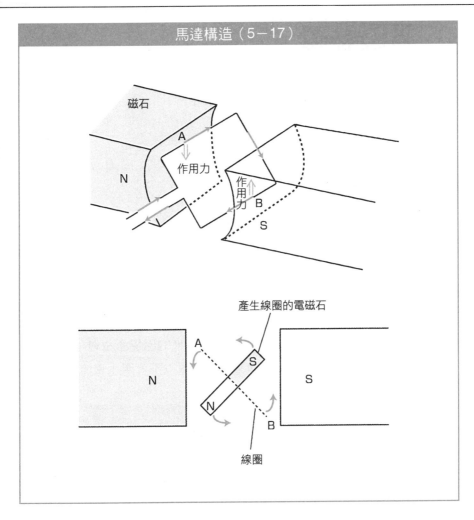

磁石

N

A

作用力

作用力

B

S

產生線圈的電磁石

A

N

S

N

S

B

線圈

5

電與磁

$^5_5$ 電磁感應

....

貫穿線圈使磁場變化，電流即會在線圈內流動。這就是所謂「電磁感應」現象，也是發電的原理。

■ 法拉第的電磁感應實驗

「電流通過，產生磁場」是安培定律。那麼相反的，如果是藉由磁場所產生的電又是如何呢？

就是從這樣的疑問開始，法拉第在 1831 年時思考著如圖 5－18 的實驗。首先準備 A 與 B 兩捆線圈，再將兩捆線圈透過纏繞於鐵環兩邊產生連接。如此一來，A 線圈通電後所產生的磁場即會藉由鐵環傳導到 B 線圈。然後再去調查 B 線圈是否會藉由傳導來的磁場產生電。

結果發現，即使 A 線圈持續通電，B 線圈也不會產生電流。然而，

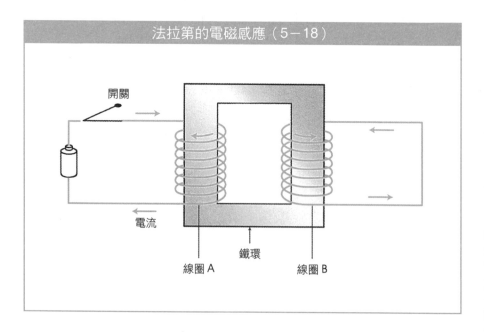

法拉第的電磁感應（5－18）

開關

電流

線圈 A

鐵環

線圈 B

卻發現當A線圈的電流開關不斷反覆切換時，在切換的瞬間，B線圈會產生電流。上述這種現象稱為「電磁感應」，其所產生的電流則被稱為「感應電流」。

在實驗中，A線圈僅單純扮演產生磁場的角色。因此，我們若簡化實驗裝置，僅在線圈中將磁棒反覆進出，結果應該也會一樣。實驗後，可以確認即使簡化實驗裝置也會產生感應電流。也就是說，貫穿線圈的磁場產生變化後會產生感應電流。

■ 愣次定律

透過法拉第的感應電流實驗，我們知道「當磁場產生變化時，就會產生感應電流。」而作更進一步深入探究的是愣次（Lenz）。1834 年他闡明了「當貫穿線圈的磁場產生變化時，會產生阻礙其變化方向之感應電流。」這被稱為「愣次定律」。

如圖 5-19 為了理解愣次定律，可以透過將磁石反覆接近、遠離線圈的實驗來理解。磁石接近線圈時，貫穿線圈的磁場會變大；增大的磁場縮減後，就會在線圈上產生感應電流。如圖所示，其方向可以用安培定律來解釋。若將產生感應電流的磁場視為是磁棒的磁場，那麼就能夠理解磁棒只要稍微接近磁石就會朝相反方向移動的情形。

接著，再來討論當磁石遠離線圈的情形吧！這次貫穿線圈的磁場就會變小了。於是，為了補足所減少的磁場，只要接近線圈上的感應電流就會產生一個相反的方向。此感應電流所產生的假設磁棒方向，會把欲遠離的磁石拉回來。

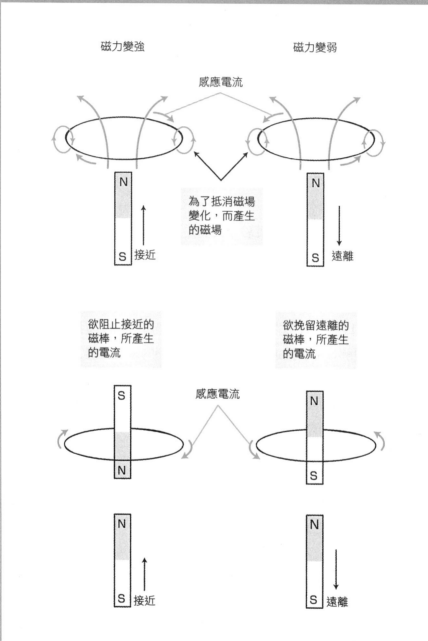

磁力變強 磁力變弱

感應電流

為了抵消磁場
變化，而產生
的磁場

N
S 接近

N
S 遠離

欲阻止接近的
磁棒，所產生
的電流

欲挽留遠離的
磁棒，所產生
的電流

S
N

感應電流

N
S

N
S 接近

N
S 遠離

■發電

　由於只要將磁石反覆接近、遠離線圈，就會產生感應電流，即可發電。然而，讓磁石進行如此反覆的運動，對機械來說並不便利。所以為了能夠產生感應電流，其實只要讓線圈感應到的磁場不斷變化就好了！如圖 5－20，若能運用與馬達同樣的旋轉運動就會更方便了！

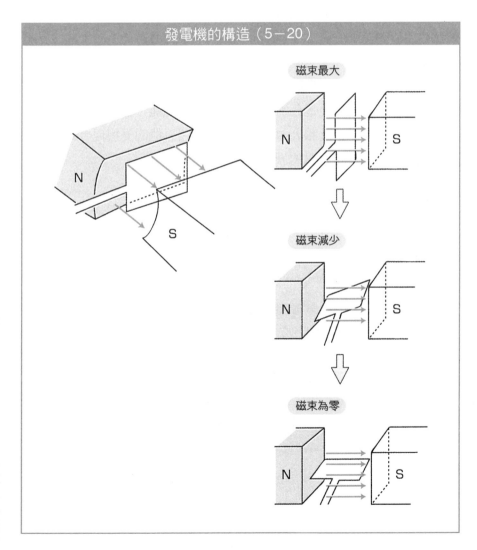

發電機的構造（5－20）

磁束最大

磁束減少

磁束為零

為了正確表達出線圈所感應到的磁場量，我們可以用被稱為「磁束」的量來思考。磁束是用來表示貫穿線圈的磁場量，可用「磁場強度×磁場垂直的線圈面積」的公式求得。線圈旋轉時，磁束也會產生變化，當線圈垂直於磁場時，磁束的量最大；水平時磁束最小。線圈產生的感應電流會與該磁束變化成正比。持續進行旋轉即可產生源源不絕的電氣。也就是說，若要發電只要能夠產生旋轉運動即可。

　　發電方式有：人力、風力、火力、核能或潮汐力等。其中差異僅是彼此產生旋轉運動的方式不同。舉例來說，風力發電是由於葉片接受風所產生的旋轉運動。火力發電是藉由燃燒石油，以及利用水沸騰時的水蒸氣，使渦輪旋轉後產生旋轉運動。此外，核能發電的原理雖然較為複雜，但是，簡單來說也是藉由核分裂產生巨大熱能，然後藉此產生水蒸氣。之後的運作構造就和火力發電相同。之所以能夠支援現今社會所需的龐大電量，法拉第的電磁感應扮演著重要的角色。

Column 專欄　發電

　　也有不使用法拉第電磁感應的發電方法。一個是太陽電池，直接把太陽光轉換為電力的方法。若要理解這其中的構造，必需要討論到原子物理的「量子論」。另一個是如乾電池般，藉由化學反應來發電的方法。最近被發表出來的方法就是「燃料電池」。

　　這些發電方法對於供應現今社會所需的龐大電量，雖然仍尚嫌不足。但是，這些對環境有益的技術卻備受矚目。

■ 佛萊明的右手定則

　　若作用力是指作用於磁場中的電流，那麼，如果對磁場中的電線施以作用力使其運作，則電流是否就不會流動？試著以圖 5－12 的裝置來實驗，結果可以發現果然如此。將這些統整起來就是所謂的「佛萊明右手定則」。將右手拇指、食指與中指，三指各自對應到電線流動方向 v、磁場 B、感應電流 I。因此也能夠藉此得知感應電流的方向。佛萊明巧妙的運用左手及右手來說明電磁力與電磁感應，讓世人能更輕鬆了解這些容易被混淆的方向關係。

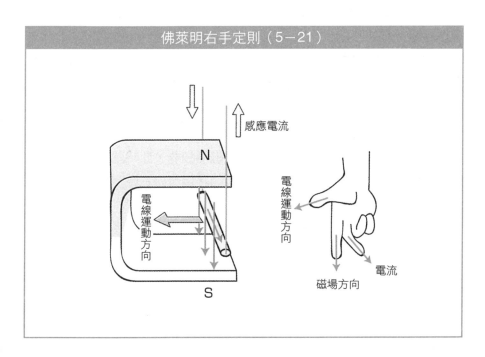

佛萊明右手定則（5－21）

感應電流

N

電線運動方向

電線運動方向

電流

磁場方向

S

5

電與磁

電磁感應的應用

....

電磁感應可以應用在各式各樣的電器產品上。

■ 日幣一圓與渦電流

由於日幣一圓是鋁鑄的,因此它是不會受磁石(磁鐵)影響。然而,「事實上,日幣一圓卻會對運動中的磁石有所反應」,大家不覺得這件事情很奇妙嗎?

如圖5—22的實驗,在桌上放置一個日幣一圓硬幣,再將磁石於其上進行快速運動。當磁石通過時,根據電磁感應定律,硬幣內部會抵消這股貫穿硬幣的磁場,因而產生漩渦狀的電流。而這漩渦狀電流會產生一個如磁棒般的磁場,與磁石互相排斥,因此,硬幣也會受到作用力。當磁石欲通過的時候,由於貫穿硬幣的磁場較弱,此時就會因為要防禦而產生漩渦狀電流。產生出漩渦狀電流的磁場與磁石會互相拉扯,因此讓硬幣受到作用力的影響。

當貫穿金屬的磁場有所變化時,根據電磁感應即會產生渦電流。

■ IH 調理鍋

即使不用火也可以使鍋子加熱,這種令人感到神奇的調理鍋,現今被人類廣泛使用著。這種被稱為 IH 調理鍋的東西也是利用了渦電流的原理。所謂IH,即是 Induction Heating 的簡稱,意指「利用電磁感應加熱」。

IH 調理鍋是在鍋子底下配置線圈,使磁場產生變化,並藉由該磁場變化使鍋子內部產生渦電流。由於金屬會對電有所抵抗,因此當產生

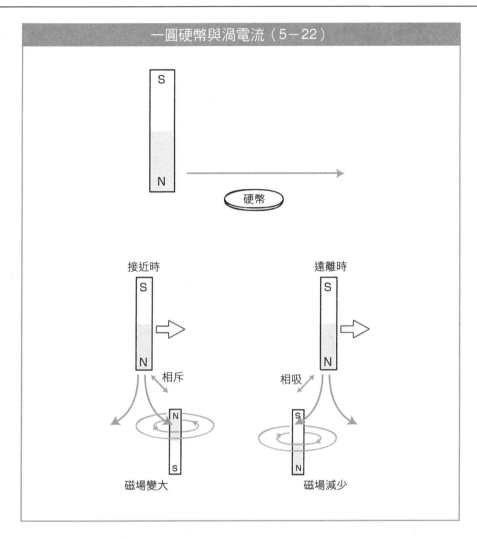

渦電流時鍋子就會發熱。所以只要用金屬製的鍋子就可以有效加熱。

▇ 無接觸點之充電方式

　　最近市面上新增了許多如無線電話等，放置於充電座上的小型機器。若仔細觀察這些充電座，我們就能發現有些機器根本沒有金屬製的

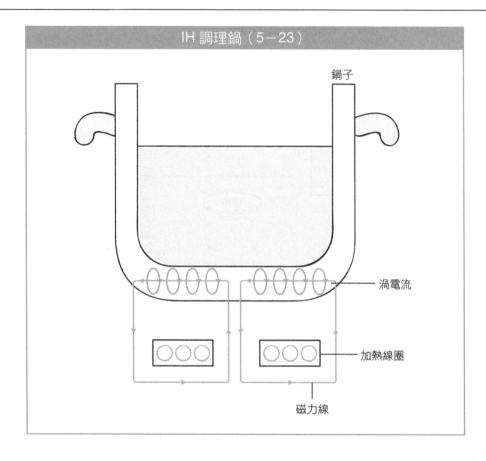

IH 調理鍋（5−23）

鍋子

渦電流

加熱線圈

磁力線

接觸點。既然沒有接觸點，那麼要如何傳導電流呢？在這樣的情況下，其實就是使用電磁感應來傳導電的！

　　充電座與無線機器兩者都搭載著線圈，充電座線圈所產生變化的磁場，會貫穿無線機器中的線圈。於是，即可藉由電磁感應，在無線機器中的線圈產生電流。由於用電磁感應的方法，就不需要有金屬的接觸點，因此可以解決因生鏽所造成的接觸不良問題。

■ Suica 悠遊卡

　　日本國鐵 JR 的 Suica 悠遊卡使用方法和以往所使用的磁卡方式完

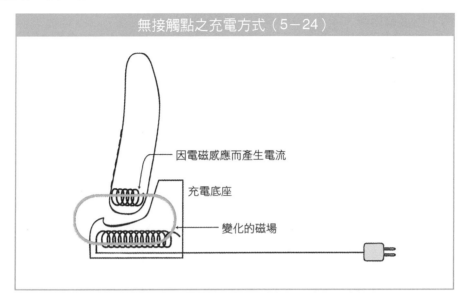

無接觸點之充電方式（5－24）

因電磁感應而產生電流

充電底座

變化的磁場

全不同。Suica 悠遊卡內藏有無線天線與 IC，只要 Suica 悠遊卡在距離驗票口附近約 10cm 的位置搖晃即可產生微弱變化的磁場。當 Suica 悠遊卡接近驗票口時，其變動的磁場會使卡片內裝的環狀天線呈現橫切狀態。因此，根據電磁感應，卡片即得以產生電流，以驅動卡片內部的IC。不用內藏電池也可以啟動。此外，也可以藉由磁場變化來交換檔案。由於是在零接觸下進行資料的通訊，機器的故障情形也會因此減少。此外，使用 IC 的優點還有可以壓倒性地改善以往磁卡對於檔案的安全性問題。Suica 悠遊卡不只是代替了以往的票卡，也開始被當作電子錢包來使用。

使用相同原理，還有比上述更小型、更便宜的 IC tag（電子標籤）。以往使用 bar code（條碼）作為標籤必須逐一確認產品，此外，其所能處理的資訊量也很有限。若是使用電子標籤，就可以在裝箱的狀態下確認產品，此外能處理的資訊量也會大幅增加。

例如，在超級市場購物時，甚至可以在極短時間內計算好購物籃內所有產品的總金額等，各式各樣的應用。由此可知，電磁感應在日常生

活中相當有用處。

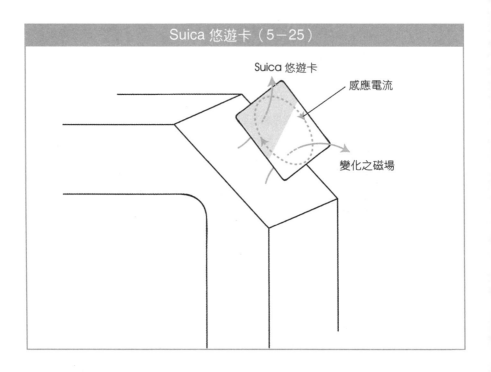

Suica 悠遊卡（5－25）

Suica 悠遊卡

感應電流

變化之磁場

Column
專欄　**再生煞車**

　　馬達與發電機雖然是同一種裝置，但是其動作卻可以說是完全相反。著眼於這個部分時，以電力的方式驅動馬達運轉的交通工具，通常是在踩煞車停車時，反而會因為馬達的運轉而產生電流。

　　實際上使用上述原理的是電車。當某一電車減速時，其所產生的電力可以藉由電纜線傳送至其他電車，以此作為其他電車的加速動力。這種煞車系統稱為「再生煞車」。除了電車之外，再生煞車亦應用於油電混合車以及電動汽車。

⁵7 電磁波

電場發生變化時會產生磁場；磁場產生變化時會產生電場，如此的連鎖反應即會產生電磁波。

■由天線所產生的電磁波

從電視、手機到其他各式各樣的地方都會使用到「電波」，在此可以再將前面討論過的電磁定律作更深入的理解。首先來討論「天線內的電流方向高速變化時，會變成什麼情形？」

如圖 5−26，電流先從下往上流，根據安培定律，天線周圍會產生「磁場」。接著，我們反轉電流方向，亦反轉磁場方向，此時磁場就會變得非常強。當磁場產生變化後，接下來根據愣次定律，雖然說磁場會為了抵消該變化而產生電流，但是由於這裡並沒有電線，因此並不會產生電流。然而，會有這些變化是因為，此處有會產生電流的「電場」。如此一來，經過一次次地改變電流方向，其週遭磁場也會有所變化，因此產生電場，亦改變了方向。當電場有所變化時，磁場就會隨之產生。經由上述的連鎖反應，磁場與電場的變化會在如同波浪般的空間內傳送。這就是所謂的「電磁波」。

目前為止所討論的定律❶「產生電流後即可產生磁場。」❷「磁場有所變化時，就會有欲產生阻礙的電流產生。」在此我們試著將「產生電流」這個部分替換為「電場有所變化」，這兩個定律就會變成❶「電場發生變化時，即會產生磁場。」❷「磁場發生變化時，即會產生電場。」即可闡明電場與磁場間的對等關係。電場與磁場超越物質性的束縛，並呈現開放性的狀態，電場存在於電荷的周圍，磁場存在於磁石與電流的周圍。電場與磁場會根據變化，可以自由地以「波」的型態傳達。此外，也可以藉由此定律了解電場與磁場是互相垂直的。

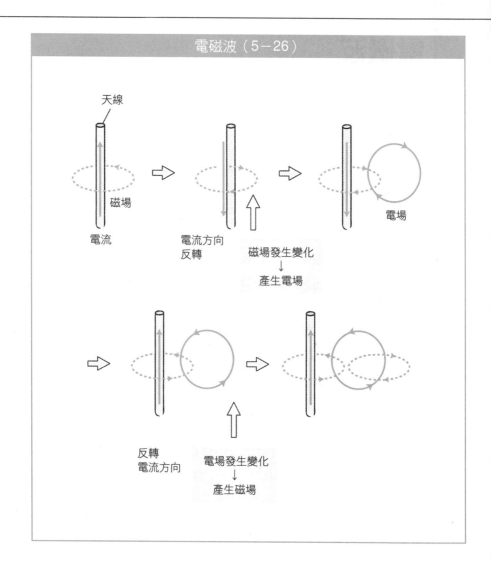

電磁波（5－26）

■ 發現電磁波

　　1864 年，馬克斯威爾（James Clerk Maxwell，1831～1879）預言了電磁波的存在。他更進一步用數學的推論來理解由法拉第所提出的電磁現象的近距作用，從馬克斯威爾的發現開始，後續各式各樣關於電磁現象的定律，皆是以「馬克斯威爾方程式」完成的。也藉由這個方程式，

以數學的方式預言了電磁波的存在。

電磁波的存在是赫茲於（Heinrich Mertz，1857～1894）1888年時，在實驗中確認的。用如圖5－27的裝置，在裝置A金屬球的間隙以火產生電。然後會發現，當裝置B的金屬間隙會在與裝置A平行時產生火花，但是，垂直時則什麼都不會發生。藉由電場與磁場反覆作用，會產生一種波並傳送到空間內，該電場會於較遠的場所間隙內作用，因而產生電流。藉由此實驗，我們可以發現確實有「電磁波」的存在，並且了解電場與磁場皆呈現垂直。電場與磁場並不僅是為了說明電磁現象的理論，它們實際上有物理性的實體存在。

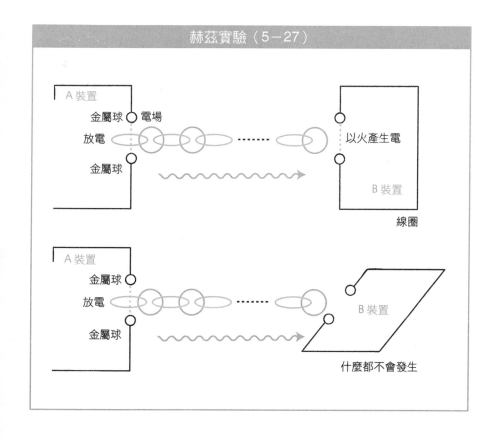

赫茲實驗（5－27）

■ 電波與電磁波

　　赫茲實驗尚且僅達到研究室的規模，直到 1899 年馬可尼（Guglielmo Marconi，1874～1937）應用赫茲實驗，才成功在英吉利海峽間進行了「無線通訊」。緊接著 1901 年，馬尼可也完成了橫越大西洋的通訊。就這樣，因為電磁波的發現，打開了無線通訊的一扇窗，使得無線通訊急速發展。也讓資訊傳輸的速度在一夕間改變了，世界的距離亦縮短於咫尺之間。

　　剛開始時，無線通訊是如同摩斯密碼般在電波內穿梭以傳輸訊號。後來就考慮以聲音直接傳輸的方法。聲音直接傳輸還有個更簡單的方法，就是 AM 廣播所使用的脈衝調幅（Amplitude Modulation）技術。如圖 5－28，發送訊號者讓原本非常快速變化的電波振動強度，隨著緩慢變化的振動來變化。接收訊號者則是藉由該電波振動，重現聲音的振動。這樣的方式由於只需在接收器上設置簡單的電路，製作成本相當便宜，因此使得廣播廣泛普及。從過去到現在，電波技術在音樂、影像、數位

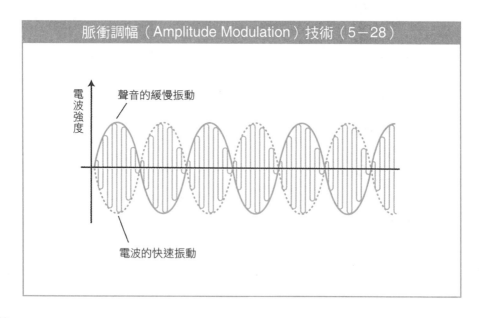

脈衝調幅（Amplitude Modulation）技術（5－28）

電波強度

聲音的緩慢振動

電波的快速振動

資訊等傳輸方面有非常明顯的進步。

　　如此一來，電磁理論成為大幅改變社會的一股力量。也可以說，基礎物理學的進展，已經從本質上轉變為社會理想的樣貌了。

■ 周波數

　　目前為止使用了「電磁波」與「電波」兩種名詞。在討論電磁相關話題時，我們使用「電磁波」；討論通訊相關話題時，則用「電波」。事實上，電波是電磁波的一部分。為了理解其中的關係，我們必須要先理解「周波數」。

　　電磁波是指「天線內流動的電流方向，會在高速時產生變化。」而該變化的振動程度，稱為周波數。更正確來說，周波數是指一秒內振動的次數。由於電磁波是由赫茲所發現的，因此其單位即是用赫茲 [Hz] 來表示。

　　電磁波會依該周波數狀態而改變其性質。周波數較低的領域稱為「電波」，通常用於收音機、電視、手機等。隨著周波數提高，依序為紅外線、可視光、紫外線、X線。然而，光與電波同樣都只是電磁波的一種，我想很難能夠馬上了解這其中的關係，但是如果想了解這個部分，還必需要透過原子物理的量子論。因此，針對這個部分，我想應該得要另開一本書來談。

■ 電磁波與原子

　　原子中有電子，電子可以說是在原子核的周圍如同行星般公轉著。由於電子帶有電荷，因此，當電子進行公轉運動這種加速度運動時，就會依電磁定律，釋放出電磁波。當以電磁波型態放出能量時，則會依能量守恆定律，降低其公轉運動的能量。也就是說，當電子釋放出電磁波時，會使公轉速度變慢，結果因為離心力變小的關係，就會隨著電力狀

況而落至原子核上。我們用電磁定律計算即可發現，其過程所需時間只要一瞬間。因此推論原子在其所屬的太陽系模型中，並無法穩定的存在。

　　上述這些問題已經在 20 世紀初的「量子論」中獲得解決。

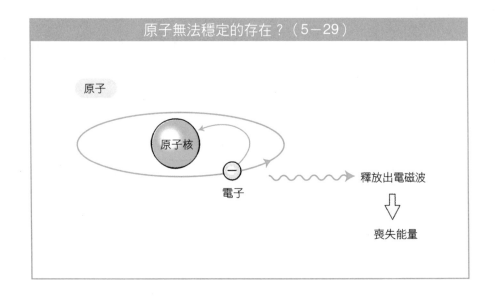

原子無法穩定的存在？（5－29）

原子

原子核

電子

釋放出電磁波

喪失能量

5-8 地球磁場

　　可以透過電磁學與流體力學來理解磁場中用來傳導電的流體運動。該運動對於地球與太陽間的磁場研究有很大的貢獻。

■ 地磁

　　我們可以從羅盤指針的轉動，了解地球上有磁場的存在。那麼，為什麼地球會有磁場呢？為了思考這個問題，就先整理目前針對地球磁場（地磁）已知的事實吧！

　　測量地磁時，我們知道羅盤所指的北（磁北）與真正的北，並不一致。在東京，磁北是在偏向 7°西[*] 的位置。若我們認為這個方向為真正的北方，而朝向該方位走 1km 時，就會發現目的地會偏離西方約120m。這期間的差距竟然如此之大。

　　此外，地磁方向亦會隨時間變動，其大小程度也在這 170 年間減弱了 10%。再者，從更廣大的時間範疇來看，地球磁場方向其實是不斷地在變化著。在長遠的地球歷史中，羅盤的 N 極並不是永遠指著北極的。

　　話說回來，以往的地磁方向與大小程度究竟是為何會發生變化的呢？海底探勘對於了解過去的地磁狀況非常有幫助。這是因為海底噴出的岩漿溫度非常高，因此該原子中的電子自旋就會輕易朝地磁方向靠攏。就這樣待冷卻凝固後，就會將該時期的地磁保留下來。如此一來，我們即可測得這些在海底凝固的岩漿，當時被噴發的年代，並且知道當時的磁場方向。「古地磁學」的研究結果發現，地磁是不規則的，並且不斷改變方向。近 500 萬年前，地磁平均約每 20 萬年進行不規則反轉一次。

*註：請參照日本國土地理院所公開之 2000 年磁偏角一覽圖

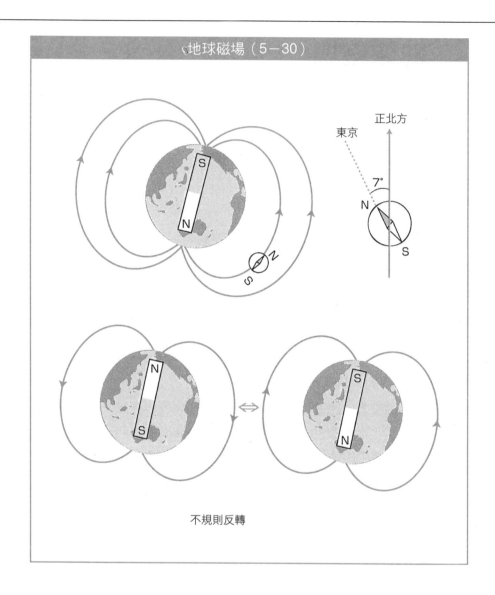

正北方

東京

7°

不規則反轉

　　如同火山一樣，地球內部的溫度也非常高。達到居禮溫度以上時，磁石就會喪失其磁性，因此可以判定磁石並無法存在於地球內部。此外，地磁變動、不規則反轉等事實，根本無法說明地球內部是否有固定的磁石存在。那麼，地球的磁場到底是在什麼樣的機制下發生的呢？

■ 地球的構造

關於地球內部構造，即使想要往地下挖掘進行探測，其挖掘的距離和地球半徑比較起來根本微不足道。然而，如果使用波的物理特性時，就可以藉由地震波的反射與屈折探知地球的內部構造。

地球的內部構造，從地球中心到 1,200km 處為止稱為「內核」，處於固體的狀態；從 1,200km 到 3,500km 之間稱為「外核」，被認為是由高溫的金屬鐵融化而成的液體。內外核最外側是固體的「地函」。而一般認為地磁的形成，主要與外核的液體有關。

地球內部相當高溫。核的壓力亦比地表大 200 萬倍，約為 5,000 度左右的高溫。然而，由於內核比外核溫度還高，因此外核部分溶解的鐵

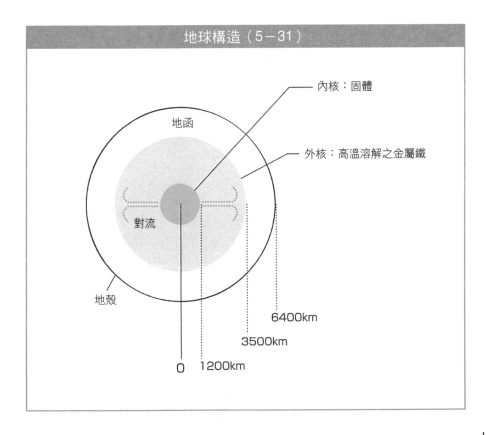

地球構造（5-31）

內核：固體

外核：高溫溶解之金屬鐵

地函

對流

地殼

6400km

3500km

0　1200km

會從與內核接觸的部分向外側移動，因此產生了對流現象。再加上，由於地球自轉的關係，該對流運動中會有柯氏力作用，並會顯現出螺旋狀的的複雜運動。因此被認為地磁就是由這些運動產生的。

發電機理論（Dynamo Theory）

不是只有磁石才可以用來產生磁場，環狀的電流也可以用來產生磁場。地磁應該也可以用逆向的地球內部電流來說明何謂自轉（圖 5－32）。接下來的問題是，要如何說明地球內部的電流會隨著時間發生不規則變化。然而，光說明外核內被溶解的鐵，其所進行的複雜運動就很困難了。因此，讓我們用簡單的模型來思考。也就是說，地球自轉時，外核中會有溶解的鐵的存在，我們試著將其單純化，僅視為是一個旋轉中的金屬圓盤。

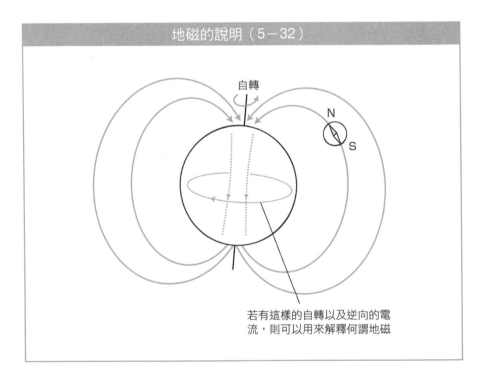

地磁的說明（5－32）

自轉

N
S

若有這樣的自轉以及逆向的電流，則可以用來解釋何謂地磁

該圓盤若位於磁場中，應該就會產生感應電流。我們可以藉由佛萊明的右手定則了解，該電流的方向會朝中心靠攏。若有磁場就會因為自轉而產生電流。該電流，如圖 5－33 若與地球自轉方向相反，則會產生與地球磁場相同方向的磁場。此理論被稱為發電機理論（Dynamo The-ory）。

發電機理論無法說明為何最初會有磁場產生，亦無法說明感應電流與地球自轉逆向的架構，根本談不上是一個真正的理論，但是卻可以知道地磁是由地球自轉的能量所產生的。此外，這樣的自轉若與磁場之間有關聯，則可以推測地球以外的行星也帶有磁場。事實上，用行星探測

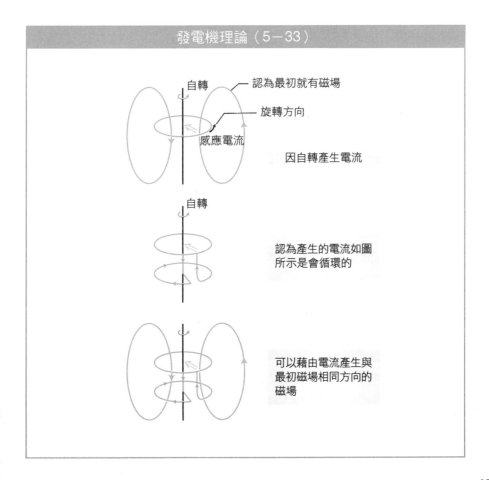

發電機理論（5－33）

自轉
認為最初就有磁場
旋轉方向
感應電流

因自轉產生電流

自轉

認為產生的電流如圖所示是會循環的

可以藉由電流產生與最初磁場相同方向的磁場

器調查行星磁場時，即可發現木星以約 9.93 小時的快速自轉中，帶有強烈地的磁場；以 244 天緩慢自轉的金星，其磁場則僅有地球磁場的約 2,000 分之一，可以說非常地微弱。此外，不只是行星，也發現了自轉的太陽亦具有相當強烈的磁場。

■ 地磁與磁流體力學（MHD）

由於發電機理論太過簡化，不但無法讓人了解地磁與地球間的關係，亦無法說明不規則磁場的反轉現象。要真正理解地磁的本質，必需更深入了解地球內部的構造與運動架構。因此，必需將自轉中的地球內部的溶解鐵所進行的複雜，視為流體來討論。

流體運動可以採用第四章所提及的納維－斯托克斯方程式來探討。在此，我們必需考慮到流體的傳導性，以及會受到電場與磁場作用等。這樣的研究被稱為「磁流體力學」（MHD），其基本方程式是從流體力學及電磁學而來。使用磁流體力學可以處理下面這些複雜的過程：「於磁場中運動的流體，會依據佛萊明的右手定則產生感應電流，亦會依據安培定律產生磁場，該磁場中的感應電流中還會有電磁力在運作，因而改變流體的運動狀態。」然而，先前說明過用數學公式來處理粘滯性大的流體非常困難，但是用 MHD 其實更為困難。

近來，拜超級電腦的發展所賜，上述這般難解的方程式也可以用數值的方式解析了。這被稱為「數值模擬」，可將地球上的種種現象呈現於電腦之中，並以 MHD 方程式來解析。如此一來，雖然對於地磁以及地磁反轉結構尚未完整釐清，但是已經可以逐漸被人們理解了。使用名為「地球模擬」的世上最快速電腦所作的研究相當有名，有興趣者可以去找日經 Science*，其中針對這個話題做簡單易懂的解說。此外，還可以藉由 MHD 方程式，研究太陽耀斑（flare）、日冕（corona）、黑洞、中子星欲降落時的圓盤等，宇宙間所產生的電磁現象。

*註：日經 Science 2005 年 7 月號第 18 頁

Column 專欄　迴旋加速器

　　在物理學實驗中，常常需要將帶電的粒子（荷電粒子）加速。此時，就會用到洛倫茲力（電磁力）。

　　當荷電粒子於磁場中奔跑，洛倫茲力就會不間斷地朝中心方向運動。我們用牛頓運動方程式來解析，即可發現荷電粒子是在做圓周運動。藉此發現，我們可以在每次的旋轉都加速。這樣的裝置被稱為「迴旋加速器」，是於 1930 年由羅倫斯（Ernest Lawrence，1901～1958）及李文斯敦（Stanley Livingston，1905～1986）所發明的。世界上第二個迴旋加速器則是在 1937 年時，由自歐洲留學歸國的仁科芳雄先生，於日本製造完成的。這是令日本人覺得足以誇耀的事。

　　簡單說明一下為什麼物理學的研究必需要將粒子加速呢？探索物質的來源，是物理學的一大課題，至今亦然。因此，研究物質最基本的粒子，研究粒子間相互碰撞的結果變化是相當重要的。讓高速加速的基本粒子間彼此互相碰撞，若因此撞壞了，表示應該可以觀察到更基本的新興基本粒子。藉由這樣的基本粒子衝撞實驗，即可更進一步研究物質的來源。

夸克（quark）

依目前所知的範圍介紹物質的來源吧！

關於原子，我們在第五章中就說明過了。原子是由原子核及電子所組成。原子的大小雖然僅約 10 億分之 1m，但是其中所包含的原子核，更是只有原子的 1 萬分之 1 大小而已。在這不可思議的小小世界裡，竟然集結了 99.99%以上的質量。原子核即是由帶有正電荷的質子與沒有帶電的中子組合而成。帶有一個電子的電荷表示為 $-e$（由於電子所帶的電是負的，因此帶有「$-$」），質子則為e。中子的電荷為0。

那麼，質子與中子是否還可以再進一步分解呢？答案好像是不行。但是我們可以得知它們稱作「夸克」，並建立了更基礎的元素。夸克可分為擁有 $\frac{2}{3}e$ 電荷的 u 夸克（上夸克），以及擁有 $-\frac{1}{3}e$ 電荷的 d夸克（下夸克）。質子是由兩個u夸克與一個d夸克所組成，其電荷剛好是 e。另一方面，中子是由一個 u 夸克與兩個 d 夸克所組成，電荷則剛好為 0。

由於夸克帶有見風轉舵的特質，無法單獨存在，不過也只能分為 2塊或3塊（甚至是5塊？）來觀察。此外，更進一步實驗即可發現，夸克共有6種。第6種夸克t夸克（頂夸克）是於1995年才被發現的。

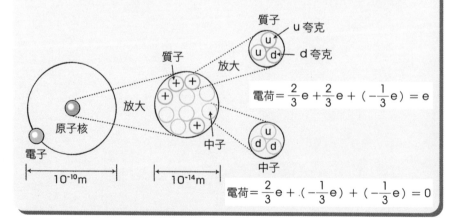

$$電荷 = \frac{2}{3}e + \frac{2}{3}e + \left(-\frac{1}{3}e\right) = e$$

$$電荷 = \frac{2}{3}e + \left(-\frac{1}{3}e\right) + \left(-\frac{1}{3}e\right) = 0$$

第 6 章

相對論

當人們開始探究電磁波，就會發現過去深信不疑的牛頓力學出現破綻，因此需要另一種新的力學。愛因斯坦深入探究時間與空間的本質，因而開啟相對論的世界。

光速

光速問題開啟了新興物理學的大門。

光的速度

　　光的速度相當快，每秒秒速為 30 萬公里。光看數字可能有點難以理解，簡單來說光速 1 秒內就可以繞地球 7 圈半，這樣說應該就能夠了解光速的厲害了吧！以往要測量光的速度是相當困難的，因此光究竟是在一瞬間傳送的，還是光到底有沒有速度等，皆難以獲得解答。事實上，光的速度問題可以說是打開了新興物理學的大門。因此，讓我們從「如何求得光速」的話題開始吧！

　　17 世紀的伽利略曾經實驗兩個人各站在距離很遠的山丘上，一個人用光來發訊號，另一個人確認接收到訊號後即再以光回覆訊號。然而，這個實驗，由於光速太快並無法測量到光的速度。要藉由地面實驗測量光的速度，必需等待技術進步才行。

　　初次成功測量到光速，是用光速來觀測天文現象。即使光速再怎麼快，比方說從地球到太陽的距離也還要花上 500 秒才行。因此，深入仔細觀測天文現象，即可測量到光速。

　　17 世紀的天文學家羅默（Roemer，1644～1710）發現，木星周圍的衛星在要進入木星後方被遮避的時刻有週期性的變化，因此，他注意到光的速度是有限的。時刻變化的原因，是由於地球公轉的旋轉速度比木星快約 12 倍，因此地球與木星之間的距離會有所變化。然而，當時還無法正確得知太陽與地球間的距離，所求得的光速僅為秒速 22 萬公里。也就是說，當時認為光應該是瞬間傳導的，這可以說是一個相當了不起的觀察。1725 年，詹姆斯布拉德雷（James Brodley）利用遙遠的星

球根據地球公轉的速度，而微小改變所能見的角度（光行差）求得光速。他求得在該時點下，光速約為秒速 30 萬公里。

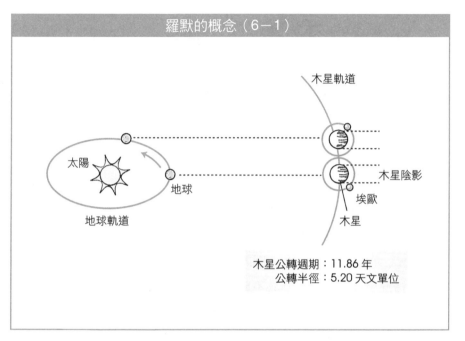

羅默的概念（6－1）

木星軌道

太陽

地球

地球軌道

木星陰影

埃歐

木星

木星公轉週期：11.86 年
公轉半徑：5.20 天文單位

接著換成地面上的實驗。1849 年，菲左（Armand Fizeau，1819～1896）使用旋轉中的齒輪進行一項實驗。如圖 6－2 所示，他使用鏡子讓光來回反射，並在路徑上放置一個非常高速旋轉的齒輪。當時機抓得剛好時，齒輪的鋸齒之間所通過的光會被鏡子反射回來，而且也會再從下一個鋸齒間通過。藉由測量時間，即可測得光線的往返速度，求得光的速度。

隔年，傅科用旋轉中鏡子取代旋轉中的齒輪，因此更準確地成功測量到光的速度。從此之後，也就能更精密地測量到光的速度了。

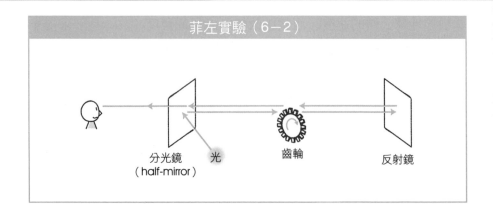

菲左實驗（6-2）

分光鏡　　光　　　　齒輪　　　　反射鏡
（half-mirror）

速度有限的光

思考一下何謂「光並非是一瞬間傳輸，其速度有限。」

首先，可以用聲音為例。某人上台演講。其聲音是以音速（秒速約為 340m）在空氣中傳導的。此時，若和聲音的速度一致，以同樣速度運動，情況會變得如何？應該不會持續聽到相同的聲音吧！再者，若比音速運動得更快速、甚至超越了聲音速度，則就只會聽到過去的聲音。也就是說，若運動得比音速還要快，我們即可聽到先前的演講內容。

光的情況也一樣。由於光也有一定的速度，因此與聲音的情況相同。然而，假設能夠比光的速度還快，則我們應該可以看到過去的光景。例如，假設能夠從地球發射一台比光運動速度還快的火箭，則時間應該是可以回溯的，也就是說應該能回到地球以前的狀態才對。不論結果是否可能發生，經過上述的思考過程後，我們可以得知光速有限與否會與時間觀念做結合，這是一個相當重要的議題。

■ 何謂光的實體？

　　那麼，究竟何謂光的實體呢？這個問題是在 17 世紀牛頓與惠更斯的時期被拿出討論的。如先前第 0 章所述，牛頓將光的實體視為「粒子」；惠更斯則將其視為「波」。然而，牛頓的粒子說有一段時間相當具有影響力，但是到了 19 世紀初，楊格（T Young，1773～1829）發現波受到某種特殊現象的干涉時也會產生光，使得「波動說」有了希望。

　　而且，19 世紀中旬時，經過菲左與傅科的實驗，已經可以相當正確地得知光的速度了。

■ 電磁波與光

　　如第 5 章所述，19 世紀中旬，馬克斯威爾利用電與磁相互交錯的現象，完成了電磁學。於是，我們便可以用電磁學來預測「電磁波」的存在。馬克斯威爾試著用電磁學來計算電磁波的傳導速度。其所計算出的數值與菲左及傅科實驗所得知的光速結果一致。馬克斯威爾就藉由該結果開始提倡「光就是電磁波」的假說。

　　光若等於電磁波，我們就可以把光看成是電場與磁場反覆交換的「波」。如此一來，就會產生「是否有什麼東西在振動」的疑問。當時的物理學認為，所謂的「波」是「藉由某種物質振動所傳導的現象」。舉例來說，水波就是藉由水的振動所傳導的現象；聲音的波，也就是所謂的音波，則是藉由空氣振動所傳導的現象。那麼，光波，也就是所謂的電磁波應該也是藉由什麼東西振動來傳導的吧！

　　因此，19 世紀的物理學家們，假設傳導電磁波的物質是一種充滿整個宇宙的東西，並將其命名為「乙太」。前一章中，我們說明了「電磁波是在什麼都沒有的空間內，相互吸引電場與磁場，然後進行傳導的。」然而，這個概念卻並非得以簡單達成。

　　如第 0 章中所述，乙太原本是由亞里斯多德所發想出來的。亞里斯

多德認為除了水、土、空氣、火之外，物質的構成要素應該還有一種充滿於宇宙間的乙太。亞里斯多德的想法，隨著時間進入近代就逐漸消失了，只有「乙太」一詞因為 17 世紀的笛卡兒及惠更斯等人才得以延續，到了 19 世紀，馬克斯威爾又認為乙太是用來傳導電磁波的媒介。對於 19 世紀的物理學家們來說，乙太的存在是一般常識，並認為「電磁波就是藉由充滿於宇宙間的乙太來振動、傳導以及搬運的。」

■ 麥克爾遜－摩爾利實驗

從牛頓的概念可以發現宇宙是一個「讓物質得以運動的舞台空間」。也就是說，所謂的物質皆獨立存在於宇宙之中，宇宙是可以容納所有物質的容器，而在這樣的空間內被認為充滿著名為「乙太」的物質。星球與其他物質都在宇宙間反覆運動。乙太則負責協助電磁波的運動，地球等物質都會在期間穿梭。乙太在宇宙中呈現一種靜止的狀態。

讓我們想像上述狀態呈現的樣子。請把乙太想像成空氣、把光當作是聲音，人則在無風的狀態下跑步。此時，跑步的人就會從行進方向中感受到風的作用。因此，從前方來的聲音速度，會因為跑步的速度而加快。另一方面，此時來自後方的聲音速度會變慢。而來自側面的聲音速度則不會有所改變。即，聲音的速度會因人跑步的方向而有所不同。

接下來，讓我們以同樣的方法來思考「光」。假若太陽系與乙太的相對速度為零，由於地球繞著太陽公轉，其公轉速度應該會偏離光速。甚至連包含地球在內的太陽系，以及包含太陽系的銀河系也都在其中進行運動，因此，若要評估與宇宙中靜止的乙太間的相對速度，並不是一件簡單的事情，不論如何，我們仍以太陽系與乙太相對速度為零持續討論下去。

由於地球一年繞太陽一圈，因此可以求得地球的公轉速度為秒速 30 公里。速度約為光速的 $\frac{1}{10,000}$。依據該速度應該會產生光速差異，因此

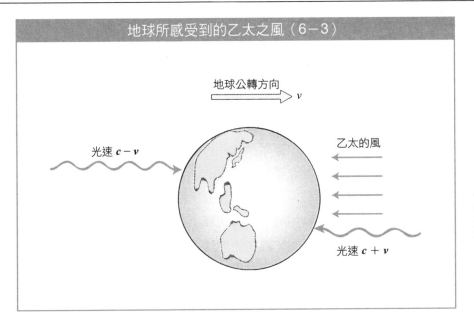

地球所感受到的乙太之風（6－3）

地球公轉方向　　　v

光速 $c-v$

乙太的風

光速 $c+v$

可以運用 19 世紀末發現的原子線狀光譜，以及光干涉技術來測量。然後在，1887 年時，由麥克爾遜與摩爾利進行了精密的測量。如圖 6－3 所示，地球是在乙太中運動，因此可以感受到來自乙太的風。由於是在乙太中進行觀測，因此會因為方向而使光速有所變化。也就是說，來自地球行進方向的光速，會因為地球的速度而加快，從相反處來的光速則會變得緩慢。

　　然而，這樣的實驗結果卻令人大感意外。光的速度其實與光的投射方向沒有關係，因為光是恆定的。也就是說，根本無法藉由地球的速度檢測出用來傳導光振動的乙太。意思就是「並不會吹乙太之風」，乙太根本就不存在。

■ 洛倫茲－費茲傑羅收縮理論（Lorentz － FitzGerald contraction）

　　讓我們再次思考麥克爾遜的實驗吧！如圖 6－4 所示，讓光朝地球

行進方向與其直角方向投射，並測量被鏡子反射回來的時間。探討兩個不同方向，其往返的時間結果。

首先，先來討論朝地球行進方向投射的狀況。在此狀況下，光速在往前投射時，地球與乙太的相對速度會較為緩慢，折返時反而會變得較為快速。由於要求得時間所以得把距離除以速度，此時往返所需時間，可藉由圖中的算式來表達。接著，我們再來討論朝地球行進方向的直角投射時之狀況。考慮到地球運動所產生的影響，往返的光線，從地球外看來應該有點像是一個三角形。此時往返所需的必需時間，就可以用這個三角形來求得，可以利用圖中的算式算出。由於上述兩種方向的算式不同，因此，我們可以得知光線在朝地球行進方向與朝其直角方向投射的狀況下，兩種往返時間會有所差異。地球與乙太間的相對速度，確實只是被預測而已。然而，根據麥克爾遜的實驗結果，這兩種方向的往返時間竟然一致。

洛倫茲與費茲傑羅為了解決此矛盾，不管任何理由，他們直接假設「循地球行進方向下，距離會縮減。」循地球行進方向的距離若會縮減，其往返的時間就會變短，因此兩種方向的往返時間就會一致。相反的，當兩種往返時間相等，我們就可以得到一個結論，那就是循地球行進方向的長度會因速度而縮短。具體的算式形式如圖所示。這是在「相對論」中經常被使用，而且相當有名的公式，被稱為「洛倫茲因子」。

洛倫茲因子是為了不讓往返時間有所差異所導入的，比起用麥克爾遜－摩爾利實驗來說明更有條理。然而，此時大家的問題則變成了「為什麼會收縮」或是「洛倫茲因子是什麼意思」等，其實這也許是不錯的轉變。當如此有條理的假設被認同後，即使乙太確實存在，我們也無法藉由實驗或是原理來確認其存在。「原理以無法驗證的形式存在」即喪失了「存在」的意義，成為毫無意義的主張。

麥克爾遜－摩爾利實驗和洛倫茲的說明（6－4）

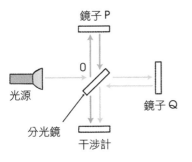

1. 來自光源的光線會在分光鏡 O 被分為兩個方向
2. 由 O → P 的光線會被鏡子 P 反射
3. 由 O → Q 的光線會被鏡子 Q 反射
4. 用干涉計來測量兩個光線的速度

O → Q 方向與地球行進方向一致

直角方向的光

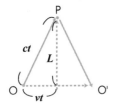

由直角三角形得知，

$$(ct)^2 = L^2 + (vt)^2 \rightarrow t = \frac{L}{\sqrt{c^2 - v^2}}$$

$$往返時間 = \frac{2L}{\sqrt{c^2 - v^2}} \quad \cdots\cdots \text{A}$$

地球速度為 v 時，光線由 O → O'
光速為 c 時，OP = OQ = L

行進方向的光

前進　O → Q 的速度為　$c - v$　因此前進時間為 $\dfrac{L}{c - v}$

返回　Q → O 的速度為　$c + v$　因此前進時間為 $\dfrac{L}{c + v}$

$$往返時間 = \frac{L}{c - v} + \frac{L}{c + v} \quad \cdots\cdots \text{B}$$

Ⓐ 與 Ⓑ 的時間不同

假設地球行進方向的空間會縮小

Ⓑ 算式中，$L \rightarrow L'$

Ⓐ = Ⓑ 時

洛倫茲收縮公式

由 $\dfrac{2L}{\sqrt{c^2 - v^2}} = \dfrac{L'}{c - v} + \dfrac{L'}{c + v}$　得到　$L' = L\sqrt{1 - \left(\dfrac{v}{c}\right)^2}$

洛倫茲因子

6
相對論

■ 從洛倫茲到愛因斯坦

　　物理學在牛頓以後開始順利地發展。19 世紀的物理學者們，確信「自然現象已經可以用現有的物理學來作說明了。」我們明確知道光，也就是電磁波帶有與波同樣的性質，接下來只需要找出能讓光振動的乙太即可。因此，若乙太並不存在，就無法輕鬆理解這個狀態了！於是，我們必需藉由「空間收縮」這種較為跳躍性的概念，繼續讓乙太苟延殘喘下去。

　　了解之後歷史的我們，應該就可以將這些物理學家們的努力，整理成有條理的概念。但就目前為止的理論架構而言，這些思考內容還算有限。因此，就在時機成熟時，「相對論」這般重要的概念隨之崛起。

　　事實上，「空間收縮」這般特異的想法，並非毫無意義。之後各位會看到在相對論中，「洛倫茲收縮」確實佔有相當重要的位置。發現這件事實後，洛倫茲就在愛因斯坦發表相對論的前一年，也就是 1905 年的前一年，即對外表示他已經可以用數學解答出幾乎相同的內容了。然而，由於洛倫茲太過執著於乙太的概念，根本無法打開相對論的大門。

牛頓力學與電磁學間的矛盾

　　17 世紀牛頓所發現的「牛頓力學」，在經過 200 年以上的驗證，現今已經成功成為一個理論。但是任誰都想不到，速度會越來越大這件事情竟然會成為牛頓力學的破綻。然而，牛頓力學確實只有測試過如日常週遭現象般，速度較為緩慢的現象而已。

　　另一方面，電磁學發展於 19 世紀。馬克斯威爾彙整了電磁學方程式，並預言了電磁波的存在。電磁學實質上是處理光的物理學，亦是處理光速的物理學。是用來處理非常高速的理論。

　　我們透過各種基礎方程式的調查後，即可明確知道牛頓力學與電磁學之間的差異。牛頓的運動方程式如 1－4 節所説，擁有永遠不會被伽利略轉換而改變的特質，但是電磁學則無法滿足伽利略轉換，只能對應到包含洛倫茲因子的洛倫茲轉換。發現這兩者間矛盾的是愛因斯坦，因此他把牛頓力學也變更成為可以滿足洛倫茲轉換的形式，因而創造出可處理光速的力學。這就是「相對論」。

6

相對論

光速恆定原理

將光速恆定視為基本原理，即可導出時間與空間的新關係。

光速恆定原理

愛因斯坦藉由實驗確認了麥克爾遜－摩爾利的實驗結果，也就是指「乙太並不存在，光的速度會維持固定，並不會因為光源的運動狀態而改變。」他將這個結果視為可信賴的原理，並以該概念為出發點繼續思考。光的速度會維持固定，並不會因為光源的運動狀態而改變，這稱為「光速恆定原理」。愛因斯坦即從該原理出發，重新思考固有的時間與空間概念。

在牛頓力學中，時間與空間並非物理學的對象，所謂的物理現象被認為是獨立存在的。這句話乍看之下是一種常識，但這並非經過證明。愛因斯坦透過實驗闡明了「光速恆定」的事實後，進一步開始思考，並注意到令人猜疑的時間與空間之間的真正關係。

再更深入探討之前，首先，讓我們來理解「光速恆定原理」令人驚訝的程度吧！例如，A在時速250公里的新幹線中，以時速10公里的速度順著行進方向跑步。從新幹線車外看起來，會覺得A好像是以時速260公里在跑步一樣。相對速度只要用單純的加法即可求得。另一方面，所謂光速恆定原理是指，光線不論是從新幹線中或是更快速的交通工具，甚至是從任何地方投射出來，神奇的是，光的速度無法用加法求得，意思就是在各種狀態下的速度皆相同。

■ 相同時刻下的相對性

以光速恆定原理為基礎，勢必要重新思考我們一直以來毫不懷疑的時間概念。因此，就讓我們來思考所謂「相同時刻」的概念吧！

平常我們對於「兩個事件，同時在不同的地點發生」並不會有特別的疑問。因為所謂相同時間，對任何人來說都是一樣的。然而，事實上並非如此。令人驚訝的是，相同時刻卻會因為觀測者的立場而有所改變。

例如，在以一定速度行走的列車中，如圖6−5，同時以相同速度從車頭和車尾各投擲一顆球。由於兩顆球是在相同距離內，並且以相同速度飛行，因此列車內的觀測者會看到兩顆球同時到達。此外，列車外的觀測者會在此現象上將列車的速度加算進去，因此兩顆球還是會同樣、同時到達列車的中央。這是因為「伽利略相對性原理」成立，因此，不論觀測者本身的運動狀態如何，都能夠觀測到相同的現象。所以相同時刻的概念完全沒有被動搖。而這就是我們深信不疑的相同時刻概念，而其中就具有一些不容置疑的合理性存在。

那麼把球換成是光線又會如何呢？當我們把它想成「光速恆定」，事情就會有所改變。首先，由於兩道光線是在相同距離內以相同速度（光速）投射出去，因此列車內的觀測者會看到兩道光線同時到達列車中央。這和球的情況完全相同。然而，這樣的現象對於在列車外的觀測者來說，則會產生很奇怪狀況。如圖6−6所示，分別從車頭與車尾發射出的兩道光線，基於光速恆定原理，光線朝向列車中央投射的速度與列車速度無關。光速並不需要加上列車的速度。另一方面，列車中央，會因為列車的速度而向前移動。因此，即便是同時投射出光線，但是車頭的光線由於移動距離較短，因此會先行抵達列車中央。

兩種光線同時抵達列車中央的現象，由於是在相同地點發生的狀況，因此不論是在列車內或是列車外都應該要同時看到。如此一來，應該要懷疑在不同地點同時產生的兩種事件，也就是指列車頭與列車尾同

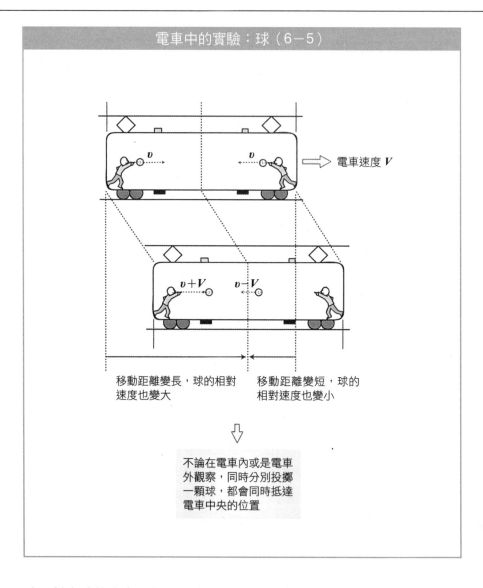

電車中的實驗：球（6－5）

電車速度 V

移動距離變長，球的相對速度也變大

移動距離變短，球的相對速度也變小

不論在電車內或是電車外觀察，同時分別投擲一顆球，都會同時抵達電車中央的位置

時發射光線的事實。對於列車外的觀測者而言，為了讓光線同時抵達列車中央，車尾的光線就必需先投射出才行。這樣的狀況意指，即使對列車內的觀測者來說感覺是相同時刻，對列車外的觀測者來說卻並非一定於相同時刻抵達。如此一來，因為觀測者的運動狀態不同，我們就不能斷言，相同時刻所發生的狀況，一定能在相同時刻抵達了。

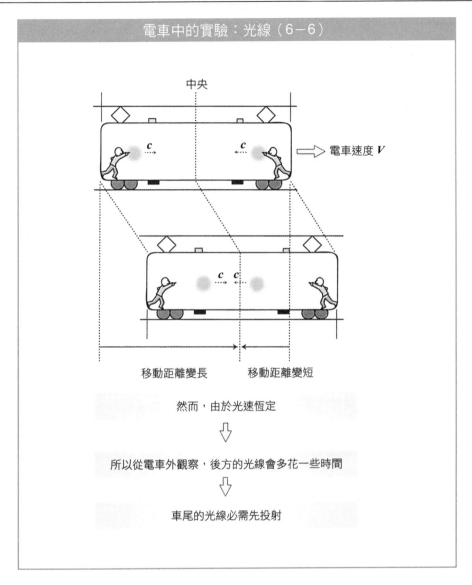

中央

電車速度 V

6 相對論

移動距離變長　　移動距離變短

然而，由於光速恆定

⇩

所以從電車外觀察，後方的光線會多花一些時間

⇩

車尾的光線必需先投射

　　「相同時刻的概念，會依觀測者本身的運動狀態而有所改變。」這是件非常不可思議的事，這樣的狀況即便是從光速恆定的原理出發也無法獲得認同。從以本身的經驗來看，我們一直以來對於時間是有絕對程

度的信賴，不過，實際的情況卻並非如此。事實上，能夠被完全信賴的並不是時間，而是光速。

Column 專欄　愛因斯坦奇蹟似的一年

　　1905 這一年，愛因斯坦不只發表了特殊相對論，也發表了布朗運動論文以及有關光電效應等論文。

　　布朗運動是 1827 年時，由植物學家布朗所發現的，並因此命名。該運動是指，以顯微鏡觀察水中的微粒子，發現其不規則之激烈運動。愛因斯坦藉由水分子的不規則熱運動，說明了上述的現象。而此說明直接證實了分子實際存在的事實。

　　愛因斯坦在該論文中提倡光量子假說。這也是對現代物理學來說極為重要的一個研究。

　　也就是說，愛因斯坦竟然在一年之內就產出了好幾篇對 20 世紀物理學產生轉戾點的重要文章。於是，1905 年也被稱為「愛因斯坦奇蹟似的一年」。

⁶3 特殊相對論

用光速恆定原理導出洛倫茲收縮公式。

光鐘的思考實驗

讓我們來思考以固定速度運動時，時間的前進方向。

例如，我們可以利用兩面距離 15 萬公里，並且面對面的鏡子來思考。實際上要做出這樣的裝置是相當困難的，因此只要在腦袋中想像即可。光在兩面鏡子間作一次的往返只需要 1 秒鐘，因此，兩面鏡子只需要 1 秒鐘就可以出現亮光。這被稱為光鐘。所謂時鐘，是以固定比例刻劃出時間的裝置，上述這般巨大的裝置也可以說是一種時鐘。我們從光速恆定原理所建構出來的理論來看，只有這個光鐘才是最能夠被信賴的時鐘。但是，考察如上述般無法實際執行實驗的理論，我們就必需使用「思考實驗」的方法。

那麼就讓我們來思考一下光鐘以速度v移動的狀況吧！與光鐘同時運動的觀測者，可以看到光鐘在光線往返時所刻劃的 1 秒。另一方面，在靜止狀態下觀測的觀測者，由於光是傾斜地前進，因此移動距離會變長，又由於光速恆定，此時往返所需的移動時間也會變長。也就是說，與光鐘同時移動的人會感受到光線往返 1 秒，但是對靜止的人來說，其所感受到的會比 1 秒還長。藉由思考實驗，我們可以得知在恆定速度運動下，時間的前進會變得較為緩慢。

經過上述說明，我們可以得知移動中的人的時間前進方向會變慢，反之，或許也可以說靜止的人的時間前進方向會變快。然而，事實上卻並非如此。在固定速度下運動時，不論是運動或是靜止都是相對的。因為從運動中的人的立場來看，自己是靜止的；從靜止的人的立場來看，

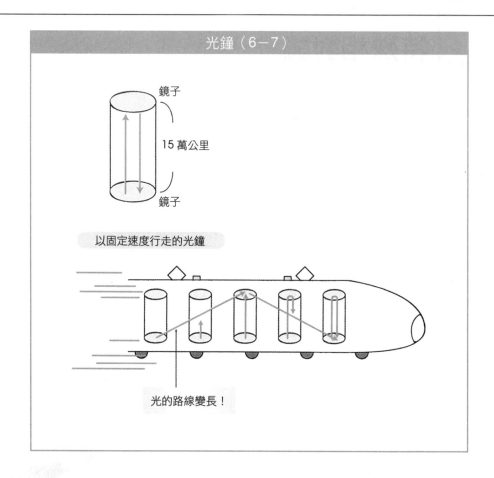

光鐘（6−7）

鏡子

15 萬公里

鏡子

以固定速度行走的光鐘

光的路線變長！

自己卻是「正在運動中」的。從運動中的人的角度來看靜止的人，會覺得靜止中的人的時間行進很慢。也就是說，結論就是互相都會覺得對方的時間變慢了。這一點實在是令人覺得不可思議！

■時間延滯

一般日常生活中，為什麼我們不太會去在意時間前進方向不同呢？那是因為光速太快，日常生活中的速度相較之下又太慢的關係，這之中僅有無法觀測到的微小變化。但是，如果變成可以和光速相比大很多的

196

速度，那麼就會擁有相對論中特有且奇妙的時間特質。實際上，怎樣的速度會產生這樣的效果呢？只要導入包含「洛倫茲因子」的時間延滯公式後，即可得知定量的結果。

　　在此會出現一些算式，不過只要用畢氏定理即可解決，因此就讓我們導入一些用來表示時間延滯的公式吧！如圖 6－8，與光鐘同時運動時，光線會用 t 秒從 A 前進到 B，因此該距離可以表示為 ct。另一方面，從旁觀的立場來看，光線用 T 秒以傾斜的方式從 A 前進到 C，則該距離可以表示為 cT。期間，光鐘本身會以速度 v，從 B 前進到 C，此段距離為 vT。將這三者的關係以圖表示。在此要思考的是，運動中物體的時間 t 與靜止物體時間 T 之間的關係會變得如何？在此，我們可以用畢氏定理的公式「（斜邊）^{2}＝（底邊）^{2}＋（高度）^{2}」來計算圖中的直角三角形，即可得知「運動中的物體時間 t ＝靜止物體時間 T ×洛倫茲因子」

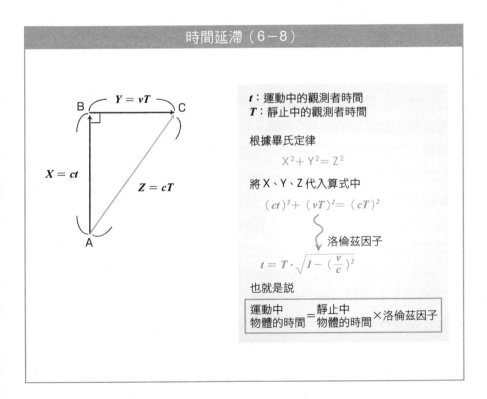

時間延滯（6－8）

t：運動中的觀測者時間
T：靜止中的觀測者時間

根據畢氏定律

$$X^2 + Y^2 = Z^2$$

將 X、Y、Z 代入算式中

$$(ct)^2 + (vT)^2 = (cT)^2$$

洛倫茲因子

$$t = T \cdot \sqrt{1 - \left(\frac{v}{c}\right)^2}$$

也就是說

$$\frac{運動中}{物體的時間} = \frac{靜止中}{物體的時間} \times 洛倫茲因子$$

所得的結果。

使用該算式，即可求得時間前進方向的具體數字。假設以光速的 1%來運動，洛倫茲因子約為 0.995，因此時間前進方向為 $\frac{1}{0.995} = 1.005$ 倍。即可知道在這種的速度下，時間延滯的效果非常小。此外，若以光速的 80%來運動，則洛倫茲因子為 0.6，時間前進方向則為 $\frac{1}{0.6} \fallingdotseq 1.67$ 倍。意思就是在光速80%的狀態下運動的物體，其所經歷的 1 秒，從靜止物體的角度來看卻是 1.67 秒。的確，靜止物體所經歷的時間較為緩慢。

■ 洛倫茲收縮

接下來，我們來思考一下在高速運動中的物體長度。靜止時的物體長度，只要能夠在尺規大小內即可測量，那麼，若是持續在運動中的物體又該如何測量呢？如圖6－9所示，在運動中的物體正下方放一把尺，即可讀出物體兩端所投射出的光線長度。

在此，我們若能回想起前一章節提到過相同時刻的相對性，靜止的觀測者就不會認為運動中的物體，其兩端是「同時」發射出光線了。也就是說，對靜止的觀測者來說，所謂物體的長度，並非取決於兩端同時投射出的光線，而是取決於相同時刻下所看到的兩端光線。那麼，假設距離觀測者較近的一端發射出的光線與較遠端的光線同時抵達，則較遠端的光線必需先行發射。結果，對靜止的觀測者來說，運動中的物體大小就會看起來比較短。

讓我們稍微用一些算式來整理上述的內容。因為「距離＝（光速 c）×時間」的關係，因此我們將距離用時間來表示。與物體同時運動的觀測者用 A 來表示，和物體毫無關係，並且靜止的觀測者則用 B 來表示。站在 A 立場的距離，只要用該立場所經過的時間乘上 c 即可求得；B立場的距離也是用該立場經過的時間乘上 c 即可求得。再者，物

體的長度可以用距離的差距來表示。我們從剛才所述的時間關係即可計算出，A立場的長度＝用B立場的長度×洛倫茲因子。也就是說，從靜止的觀測者角度來看運動中的物體，會覺得其長度好像有縮短的感覺。例如，以光速的80%運動，長度會變成60%。與其說是物體縮短了，倒不如說是該物體所存在的空間縮小了。太空船若達到光速的80%，看起來的大小會只有靜止時的60%。從運動中物體的立場來看，靜止的人的時間前進方向可以說是會變得緩慢，長度也會縮短。然而，再三強調運動是相對性的，結論其實彼此的長度都會縮短。

　　在6−1節中，介紹過洛倫茲與費茲傑羅「以速度 v 運動時，空間內只有洛倫茲因子會縮短」的假說，但是若假設光速恆定，則會覺得這彷彿是自然所產生的現象。雖然洛倫茲與費茲傑羅的概念是為了維護乙太的存在，然而愛因斯坦卻將光速恆定作為基本原理，進而導出空間與時間的基本性質。雖然以相同的算式達到結果，但是在此卻含有重大、飛躍性的思考在內。然而，由於上述這些歷軌跡，相對論所表現出的空間性質，被稱為「洛倫茲收縮」。

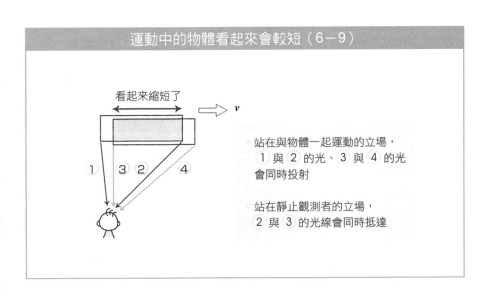

運動中的物體看起來會較短（6−9）

看起來縮短了

v

① ③ ② ④

站在與物體一起運動的立場，
① 與 ② 的光、③ 與 ④ 的光
會同時投射

站在靜止觀測者的立場，
② 與 ③ 的光線會同時抵達

時鐘延滯的計算公式

$$運動中物體的時間 = 靜止時物體的時間 \times \sqrt{1 - \left(\frac{運動速度}{光速}\right)^2}$$

長度縮短的公式

$$運動中物體的長度 = 靜止時物體的長度 \times \sqrt{1 - \left(\frac{運動速度}{光速}\right)^2}$$

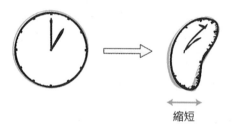

縮短

■ 速度的合成法則

愛因斯坦從年輕時期即抱有「若追逐光線是否能看出什麼端倪」的疑問。這個問題可以用來思考，若以光速來追逐光線會產生什麼狀況。如果過去相對速度的計算成立的話，那麼相對速度為零，表示光線應該可以靜止且被人看到。光等於電磁波，也就是指電場與磁場的振動，因此振動應該也要能夠靜止且被人看到才對。換句話說，就是指追逐光線、追到光線、光線消失。然而，光線會依照光速恆定原理，使得相對速度的計算無法成立，因此無法產生此靜止的情況。

那麼，一般來說，相對速度的計算又該如何是好呢？是不是只有光線才會使得相對速度的計算無法成立？由於若要導入普遍性的相對速度關係，就會需要計算，因此本書暫且不談。然而，該結果其實可以稍微修改一下原本速度的加法計算公式，就讓我們來看一下簡短的內容吧！

　　思考一下當自己的速度為 v、對方速度為 w 時，彼此交錯的情形。在牛頓的世界裡，從自己所看到的對方速度，只要單純用 $v + w$ 即可；在相對論中則會變得較為複雜，我們必需修改 $v + w$ 的算式。這樣的修改是因為在比光速更慢的世界裡，物體會變小，因此若直接以 $v + w$ 計算，則在接近光速的狀況下，任何事物都會變得極大。例如，$v = 0.5c$、$w = 0.5c$ 時，也就以光速一半的速度來運動的物體們彼此交錯時，$0.5c + 0.5c = c$ 這般單純的計算並無法成立。此時，若使用相對論的速度合成公式，則為 $0.8c$。再者，另一方面在光速的情況下，不論是加上多少速度都一定會得到光速 c。這樣的狀況，從正在從事任何運動的觀測者角度來看光線，光都是用光速運動來表示的。

相對論中的速度合成

交錯時從A所見的B的速度

在牛頓力學的情況下

$$v + w$$

在相對論的情況下

$$\frac{v + w}{1 + \dfrac{v \cdot w}{c^2}}$$ 有修改的必要
速度緩慢時分母為1

另一方面，在光的情況下　$w = c$

$$\frac{v + w}{1 + \dfrac{v \cdot w}{c^2}} = \frac{v + c}{1 + \dfrac{c \cdot w}{c^2}} = \frac{v + c}{1 + \dfrac{v}{c}} = c$$

從正在從事運動的觀測者角度來看，光速不會改變（光速恆定）

質量與能量的關係

相對論不只賦予空間與時間的新關係，亦用原理闡明了物質內存有莫大能量。

■ 跑步會變重！

若物體持續加速會變得如何？用牛頓的理論來看，若是持續施加作用力，則會持續地無限加速。例如，物體在地球進行自由落體運動的加速度會持續以 $g = 9.8m/s^2$ 加速。加速度恆定時，速度和時間成正比，即會得到 $v = gt$。為了達到光速所需的時間，我們將用重力加速度除以光速，即可求得約 354.3 天。也就是說，若一年內持續進行自由落體運動，就會超過光速。

那麼以相對論來看又會是如何呢？直覺來看，當速度接近光速時，由於質量會變大因而無法加速，也就無法超越光速了。為了說明這個狀況，我們必需明顯標示出牛頓的運動方程式在「相對論」中的變化。

牛頓的運動方程式是「作用力＝加速度×質量」。在此所表示的加速度會讓我們想起「速度的時間變化」。速度乘上質量就是動量，因此該方程式會變成「作用力＝動量的時間變化」。若改變該動量中的質量定義，就會變成「相對論中的質量＝牛頓力學中的質量÷洛倫茲因子」。如此一來，運動方程式也能在相對論中成立。相對論中的質量，稱為「相對論性質量」；牛頓力學中的質量，則稱為「靜止質量」。靜止質量是指速度為零時，相對論性質量。

速度變大時，相對論性質量就會變大。如果，以 80% 的光速運動時，相對性質量為靜止質量的 1.67 倍；以 90% 的光速運動時則為 2.29 倍；99% 時則為 7.09 倍，當越接近光速時則相對性質量為無限大。相對論性質量變大意指，即使再加上作用力也難以更進一步加速。隨著速度

$$運動時的質量 = \frac{靜止時的質量}{\sqrt{1 - \left(\dfrac{運動時的速度}{光速}\right)^2}}$$

接近光速，由於質量會變得無限大，因此完全無法再加速。所以不論任何物體皆無法超越光速。在相對論的世界裡，速度是有上限的。此時，可思考為持續增加作用力的運動會轉換為質量的增加。因為運動是一種能量，意思是說「能量會轉變為質量」。

■ 能量與質量的關係

牛頓力學中，質量是指物質的形式、具有存在感的東西，並且被認為質量不滅。然而，若用相對論的想法來看，則有很大的變化。首先，說明了「速度有光速的上限，越接近光速就越難以再加速，這些額外再加上的能量就會轉變成質量。」也就是說，無形、又感覺不到其存在的抽象能量會變成質量。

愛因斯坦將質量與能量的關係用 $E = mc^2$ 的公式表達。這條公式在相對論的算式中相當有名。左邊為能量，右邊則為相對論質量乘以光速的平方，因而將質量與能量標示於等號的兩邊。這裡所指的能量，包含質量，是藉由「洛倫茲因子」亦包含速度資訊在內的普遍性能量。使用該能量，即可表示包含了質量變化的能量守恆定律成立。

■ 物質所擁有的神秘、巨大能量

$E = mc^2$ 是用來表示質量與能量間的關係，反之，我們也可以確認質量轉換為能量的可能性。實際上，靜止質量所擁有的能量，可以用 $E = mc^2$ 的公式來計算。現在就讓我們實際來計算吧！例如，1 公克物質所擁有的能量是 9.0×10^{13} 焦耳。1 焦耳相當於 0.24 卡。這個數字表示出，即使是 1 公克的物質，也可能藏有巨大的能量。如果我們將其換算成身邊的能量的話，則相當於在 1 標準大氣壓下可以將 21.5 萬公秉的水從 0℃ 達到 100℃ 的能量，或者是可以讓約 69 萬個 100 瓦的燈泡亮 1 整年的能量。

愛因斯坦就是將這樣的質量與能量本質，作為光速恆定原理的基礎，並發現其中的理論。然而，若要將物質具體轉換為能量，必需要有原子、核子等的物理知識，因此就必需等待「量子論」的發展。

上述這些研究，讓人類的知識有了更深一步的擴大。舉例來說，為了讓星球持續閃爍必需要有巨大的能量；然而 19 世紀的物理卻對於能源一無所知。在 20 世紀前半，科學家才能藉由「核融合反應」，將質量轉換為能量，進而得到能量。平常我們看到恆久耀眼的太陽，總是將其視為理所當然。然而，為了找出新技術，就必需要能發展出相對論般的睿智才行。

■ 原子彈

不過，一直以來物理學的發展並沒有從人類的生活中完全獨立。20 世紀後半，物理學曾在時代烏雲中朝錯誤方向前進。

1938 年，在納粹支配下的德國，有兩位名為哈恩（Otto Hahn，1879～1968）與史特拉斯曼（F Strassmann，1902～1980）的德國人，他們共同發現用中子照射鈾（Uranium）時，會發生核分裂反應。當時，曾是哈恩的共同研究夥伴，後來被迫離開德國的猶太女性物理學家

——麥特納（Lise Meitner，1878～1968），她則使用相對論解釋上述核分裂反應結果。因此他們立刻就發現，在這個現象中，其中一部分的質量會轉換為能量。這個論述本身在基礎物理學中就是一個很偉大的發現。然而，該反應也被證實，能夠在一瞬間且連續性地發生，並且可能製造出無人能敵且破壞力十足的炸彈。然而，上述發現竟然是在納粹支配下的德國發現的，因而引起全世界震驚。

英國與美國為了對抗納粹、宣揚國威，即在短時間內以該原理完成了原子彈。但是，該原子彈後來竟被投在日本廣島與長崎。

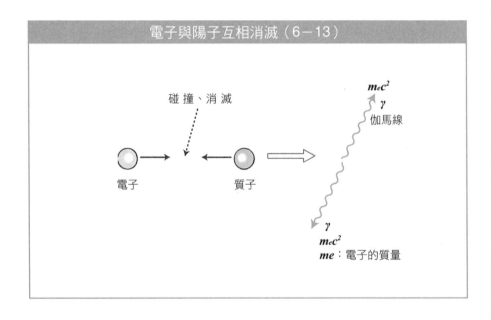

電子與陽子互相消滅（6－13）

基本粒子加速器實驗

　　先前的專欄中，我們介紹過迴旋加速器這種實驗裝置。只要使用磁場，就可以將帶有電荷的基本粒子旋轉並進行加速。接著，我們若使用另一種實驗裝置，即迴旋加速器的進階版——同步加速器，則可將粒子的速度加到接近光速。藉由這些實驗裝置，我們可以經由實驗調查出速度越快、質量越大。因此也就能證明相對論的正確性。

　　此外，相對論若結合量子論，再加上我們原本已知的物質，則可以預言說，這世界上存在有性質完全相反但質量相同的「反物質」。（雖然說起來「有些科幻」，但是我認為將科幻導入科學的研究結果是正確的。）

　　反物質遇到物質時，彼此會互相完全抵消，因而產生能量。電子的反粒子被稱為「質子」，這是愛因斯坦於 1932 年所發現的。質子與電子相遇時也會互相抵消，並變化成兩條伽馬線（波長極短的光），這樣的狀況與化學反應不同，被視為物質的電子完全被抵消。電子與質子都持有相同質量的 m_e。若測量被抵消後所產生的伽馬線能量，根據能量與動量守恆定律之預測，各自皆為 $m_e C^2$。

　　「反物質」一詞出現於寫作《達文西密碼》而知名的丹・布朗（Dan Brown）的另一本著作《天使與惡魔》中。

⁶5 等價原理

∙∙

因為重力與加速度的等價性被發現，一般相對論因而誕生。

■ 等價原理

　　牛頓所提出的重力，是一種遠距作用，會在分離的兩個物體間進行瞬間作用。然而由於這樣的理論違反「速度不會比光速快」的相對論，因此不得不尋求解決方法。

　　為了解決重力這個問題，接下來就讓我們進行如下的思考實驗吧！如圖 6−14，請試想在地球上進行自由落體運動的電梯。電梯中的人，會受到重力與加速度所產生的慣性力相互牽制，因此不會感受到重量。也就是說，電梯內是呈現一種「無重量狀態」。接著，若將宇宙空間看作為一艘以恆定速度運動的太空船。這時，太空船內的人也不會感受到重量。這兩者狀態皆相同。另一方面，在地球上靜止於電梯內的人，就會因為重力而感受到重量。此外，在宇宙空間，進行加速度運動的太空船內的人也會受到與行進方向逆向的慣性力，因此感受到重力。那麼，讓我們試著思考在一間無法從外窺視的房間內所感受到的重量。此時，房間內的人，是否有辦法區別房間是否在進行加速度運動？或者是否承受了重力？

　　上述這樣思考實驗的結果，讓愛因斯坦無法區分因重力所產生的現象、以及加速度運動所產生的現象。這兩種相同現象，被稱為「等價原理」。因為找不到可以處理重力的方法，於是，藉由等價原理，將重力換成加速度。上述的概念可以說是愛因斯坦生涯中最偉大的想法。

　　更進一步來看，我們可以再稍微思考一下自由落體運動時，所呈現的無重量狀態。用來表示重量的「質量」共有兩種。一種是「慣性質

量」，用來表示施以作用力時的運動困難度。另一種是「重力質量」，用來表示物體能夠互相牽制的程度。由於加速度所產生的慣性力與重力互相牽制，因而產生無重力的狀態，這件事的意思即是指「慣性質量」與「重力質量」相等。

從我們本身的經驗來看，我們知道重量較重的物體較難以運動，但是即便是在牛頓力學中，「慣性質量」與「重力質量」相等並沒有什麼問題。因此，不會有人特別去關心這兩種質量間的差異。然而，愛因斯坦卻注意到這事實背後所隱含的重要性。

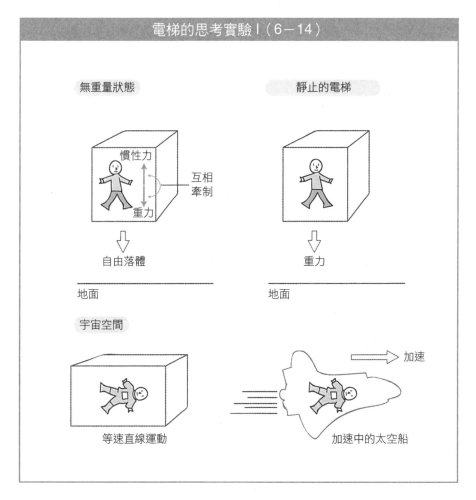

電梯的思考實驗 I（6—14）

無重量狀態

慣性力

互相牽制

重力

自由落體

地面

宇宙空間

等速直線運動

靜止的電梯

重力

地面

加速

加速中的太空船

重力造成光線彎曲

愛因斯坦認為等價原理適用於所有的物理現象，因此也試著將這理論應用到光。

請各位試著思考在地球上下降的電梯中，朝水平方向所發出的光線。根據等價原理，電梯中的人所觀測到的現象，與在宇宙空間中以等速運動的太空船中所產生的現象應該是相同的。而且，在電梯中的人應該能夠觀測到朝水平方向直線前進的光線。另一方面，從電梯外觀測者的角度來看，由於電梯下降，因此，光線前進的路線看起來應該是如圖

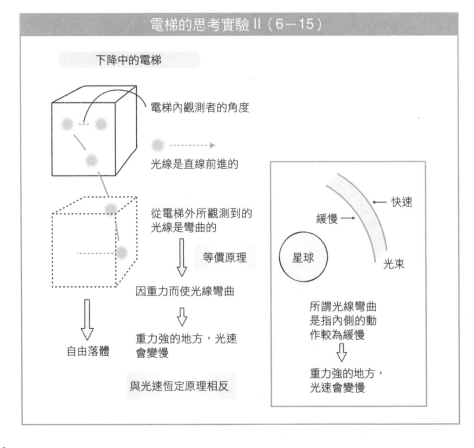

電梯的思考實驗 II（6－15）

下降中的電梯

電梯內觀測者的角度

光線是直線前進的

從電梯外所觀測到的光線是彎曲的

等價原理

因重力而使光線彎曲

重力強的地方，光速會變慢

與光速恆定原理相反

自由落體

所謂光線彎曲是指內側的動作較為緩慢

重力強的地方，光速會變慢

快速

緩慢

星球

光束

所示，呈現彎曲的現象。

　　也就是說，經過加速度運動後的光線是彎曲的。根據等價原理，我們也可以說光線是因重力而產生彎曲。

　　我們用圖 6－15 的概念來思考，所謂「彎曲」其實可以說是一種「光束內側與外側，因速度不同所產生的現象。」也就是說，當重力作用時，光速會改變。「特殊相對論」雖然是以光速恆定原理所產生的，但是當考慮到重力時，就得作一些重大的改變。

Column 專欄　雙胞胎詭論（twin paradox）

　　如電影「決戰猩球」（Planet of the Apes）的故事內容，到宇宙旅行返回地球後，地球竟然已經到了未來。這樣的狀況在物理學中是正確的嗎？我們可以用「雙胞胎詭論」來解釋這個狀況。

　　我們將雙胞胎的其中一人留在地球上，另一人則用火箭送到宇宙。然後航向幾個星球之後，再讓他返回地球。火箭飛離地球後即直接進行加速度運動，達到光速的 99%。之後就持續以同樣的速度航行，到達某個星球後，再改變方向返回地球。所謂改變方向就是指加速度運動。以恆定速度航行，接近地球時再減速的加速度運動，才得以返回地球。

　　速度恆定運動途中，可以用特殊相對論來處理，「彼此都會覺得對方時間的前進速度緩慢。」從雙胞胎的角度來看，簡直就是相對的狀況。然而，由於火箭歷經宇宙旅行後欲返回地球時，一定要進行加速度運動。在此並不是相對的運動。我們使用加速度運動與重力運動相同的「等價原理」，就可以因加速度運動了解到時間前進方向緩慢的事實。也就是說，因為這樣的加速度運動，雙胞胎中乘坐過火箭的人會比待在地球上的另一人，其年齡增長速度來得緩慢。

6 一般相對論

> 愛因斯坦藉由「空間扭曲」的概念，發現即使有重力作用，仍可以將光速恆定原理作為基礎原理。因此，完成了可以用來處理重力的「一般相對論」。

■ 重力造成空間扭曲？

「重力與光速恆定原理並非兩立」這難解的問題可以用「因重力而使空間扭曲」這個想法來解決。然而，所謂「空間扭曲」的概念，實在令人難以想像。在此我們先以「地球表面」也就是二次元的曲面為例，來釐清這其中的概念吧！

我們所熟知的圖形特質都是在非扭曲的平面上所思考的。在此，應該沒有人不了解「直線」吧！那麼，在如地球表面般的球面上，「直線」又會變得如何呢？要處理這微妙的問題時，必需先將問題定義清楚是相當重要的。在平面上各位最熟知的就是直線了。那麼在球面上的就是被稱為「大圓線」的曲線。所謂「大圓線」是球面上穿過兩點與中心，把球橫切，造成切口的圓弧線。對於只能在球面上來回運動的人來說，「大圓線」就是「直線」。然而，如圖6－16所釐清的，從球面外的角度來看，並無法將大圓線當作是最短的線。如此一來，當空間扭曲時，扭曲空間內的最短距離並不是從外觀看來最短的線。在這樣的概念下，請採用「空間扭曲」的距離。

當我們引進「空間扭曲」這樣的概念後，就能夠讓光速恆定原理復活。愛因斯坦認為「當重力存在時，其周圍的空間便會扭曲。」光會沿著扭曲空間的直線，以光速恆定的狀態前進。從不了解空間扭曲者的角度看來，會覺得光線行進方向是彎曲的，而且光速也會有所變化。

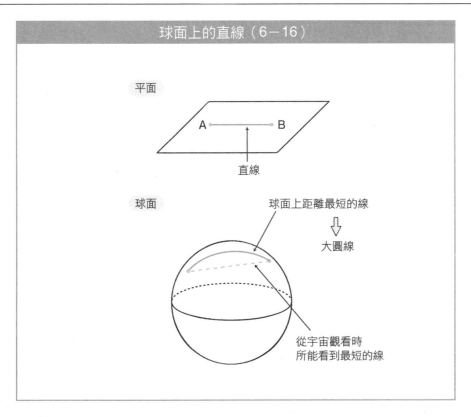

球面上的直線（6-16）

平面

A ———————— B

直線

球面

球面上距離最短的線
⬇
大圓線

從宇宙觀看時
所能看到最短的線

■ 一般相對論

這樣一想，這其中的基礎的確就是「光速恆定原理」，並且也能夠說明光速的變化狀況。然而，這樣的想法或許只是理論上的提案罷了！為了能夠確實釐清這樣的狀況，我們必需實際以實驗或觀測等，來驗證因重力所造成的空間扭曲現象。此外，由於重力的來源是物質，因此發展出能夠預測當有物質存在時，其週遭空間會如何扭曲的理論也是相當重要的。

事實上，這邊所指的理論即是「一般相對論」。是普遍用來處理重力的相對論，到 6-4 節為止，不處理重力的被稱為「特殊相對論」。因為物質與能量的存在，用來表示物質與能量周圍空間扭曲程度的方程

式，稱為「愛因斯坦場方程式」。

愛因斯坦場方程式

1916 年，愛因斯坦完成可以用來處理重力的「一般相對論」。這個理論是以假設重力與慣性力相等之等價原理為基礎，因應光速恆定原理即使在扭曲空間內亦可成立等，以此被創造出來的。

圖 6−17 約略表示了「愛因斯坦場方程式」。方程式本身，由於難以表達出「張量」（tensor），因此只要知道它所表達的意思即可。該方程式的右邊，表示物質的分佈；左邊則代入用來表示空間扭曲狀態的曲率關係式。解開這個方程式，即可以了解物質存在時，其周圍空間會如何進行扭曲。此外，先前在討論等價原理時，我們雖然提到了電梯的思考實驗，但是，實際上當時的說明有點過於簡化。然而，用數學的方法來表示扭曲空間的「曲率」，亦能夠正確考慮到扭曲空間內許多微妙的效果。

根據「一般相對論」，「重力」即是「藉由物質與能量存在而使空間扭曲後，所傳導的力。」17 世紀時，牛頓將萬有引力視為一種超距作用。然而，今天我們則將萬有引力當作與電場、磁場相同的東西，並將重力視為具有空間扭曲的特質，因此我們即可在近距相互作用立場上討論重力的狀態。這種「場」的想法，即便是在後續理論中也都居於主流的位置。

那麼，接下來的問題是，這樣的想法以及「愛因斯坦場方程式」究竟是否正確？此時就要藉由物質穿透扭曲空間的狀態，來測量光線前進的方向，以驗證這樣的想法與方程式。

愛因斯坦場方程式（6-17）

$$R_{\mu\nu} - \frac{1}{2} g_{\mu\nu} R = \frac{8\pi G}{c^4} T_{\mu\nu}$$

時空扭曲的
狀況 ⟸ 物質分佈
（能量與動量）

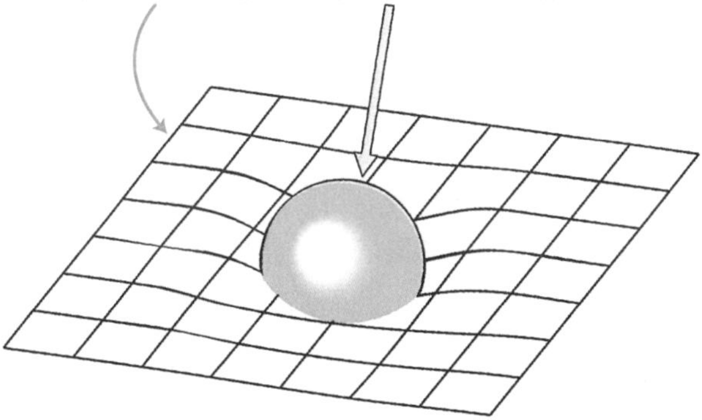

Column 專欄　不可思議的扭曲空間

　　讓我們更深入地探討扭曲空間的不可思議吧！本文將針對扭曲空間內的「直線」作探討。從這個直線所產生的圖形，能表現出更令人驚訝的特質。

　　如我們所熟知的，平面上的平行直線無論如何都不會有交集。然而，地球上的直線卻會如圖所示而有所交集。舉例來說，若用地球儀來看，我們可以發現沿著緯度的直線都會在北極及南極處交會。此外，平面上三角形內角合雖然是 180°，但是如圖所示，若是在球面之上，則角度比 180° 大也沒關係。如此一來，雖然只是簡單的圖形，但是卻無法沿用一直以來通用的常識，所以要特別留意。

平面幾何學是很久以前由古希臘數學家歐幾里得（Euclid，330 B.C.～275 B.C.）所發明的，一般稱為「歐幾里得幾何學」。相對於此，這般奇妙的幾何學則被稱為「非歐幾里得幾何學」。德國馬克鈔票上的肖像就是於 19 世紀前半相當活躍的數學家高斯（Gauss Carl Friedrich，1777～1855），他專研曲面中所包含的數學原理。另外，活躍於 19 世紀後半的黎曼（Georg Friedrich Bernhard Riemann，1826～1866）則完成了被稱為「黎曼幾何學」，這種可用來處理一般性扭曲空間的數學原理。20 世紀前半所完成的「一般相對論」也是藉由黎曼幾何學中的言論來表示的。

黎曼幾何學在數學方面具有「可針對非歐幾里得幾何學，提出頭尾一致的抽象理論體系」的意義，這是非常有趣的東西。同時，黎曼幾何學與一般相對論有些關聯，因而超越了數學本身有趣之處，是一項用來理解宇宙事物不可或缺的道具。

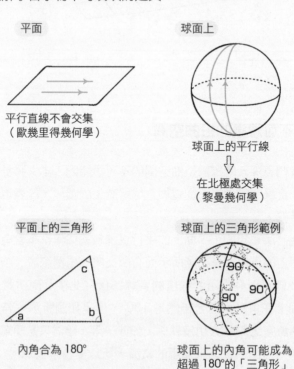

平面

平行直線不會交集
（歐幾里得幾何學）

球面上

球面上的平行線

⬇

在北極處交集
（黎曼幾何學）

平面上的三角形

內角合為 180°

球面上的三角形範例

球面上的內角可能成為
超過 180° 的「三角形」

216

6‑7 一般相對論驗證

愛因斯坦場方程式的預言，可以藉由幾個觀測來驗證。

利用日蝕觀測

1919 年，在南半球的人們就已經開始利用日全蝕，進行「一般相對論」的驗證。太陽既然具有巨大的質量，其周圍的空間應該會扭曲才

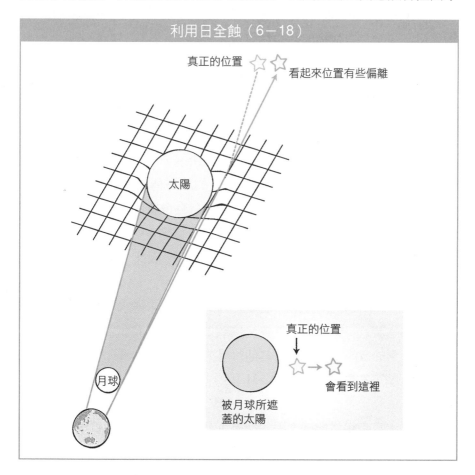

利用日全蝕（6－18）

真正的位置　看起來位置有些偏離

太陽

月球

真正的位置

會看到這裡

被月球所遮蓋的太陽

對。這彎曲的狀態則可以利用通過太陽附近的光線來測量。通常，這樣的觀測會因為太陽光線太過刺眼而無法進行，因此，日全蝕時就有可能遮蓋太陽光線。

此時，一般相對論的驗證可以用以下的方式來思考。日全蝕時，太陽附近所能看見的行星位置，我們可以比較觀測到的行星位置和原本真正位置之偏離程度，再將觀測值與一般相對論之計算結果進行比較。1919 年所進行的觀測結果發現，行星位置果然如理論所說會有所偏離。

目前為止，我們已經可以使用電波來進行觀測，即使不透過自然現象也可以進行同樣的驗證實驗。雖然使用火星探測器「維京號」（Viking）來實驗也會與通訊用的電波在橫切過太陽時，所產生的效果相同，但是電波還是具有較高的驗證精確度。

■ 水星近日點進動

我們還可以藉由利用光線之外的方法，例如，用來作時空歪斜驗證的「水星的近日點移動問題」。如第 3 章所述，水星等行星會以太陽為主進行橢圓運動。這時，距離太陽最近的地方稱為「近日點」。所謂「水星近日點進動問題」是指，水星的近日點會有些許偏移的問題。經由觀測，這樣的偏差是每 100 年朝公轉方向偏 574 秒。「秒」也可以用做為角度的單位，1 秒表示 1°的 3,600 分之 1。因此，真的是僅有些許的偏移。

如第 3 章所述，只要解開運動方程式，即可求得水星的橢圓形軌道與近日點。若近日點變動，就會產生額外的效果。而在牛頓力學範圍內所能考量到的效果，就是來自其他行星的萬有引力影響。若能計算出這個結果，即可解釋其中偏離的 531 秒。然而，剩下的 42 秒卻依然是個迷團。

由於水星是相當接近太陽的行星，考量到太陽本身的質量，其周圍空間應該更能夠感受到空間扭曲的效果。而後，愛因斯坦用一般相對論

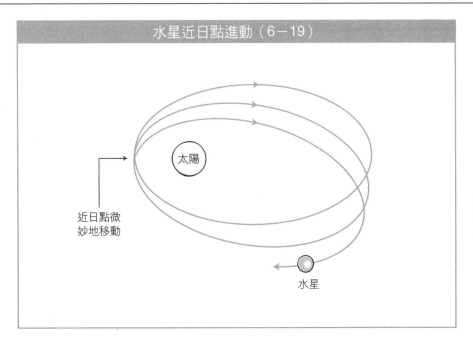

水星近日點進動（6-19）

太陽

近日點微
妙地移動

水星

驗證了上述的效果，成功解開了這種迷樣的偏離狀態。因重力而扭曲的
空間，不僅是光線，它也會對物質運動造成影響，因此，我們可以了解
「物質存在會使空間扭曲。」

　　一般相對論的正確性，除了上述兩個例子之外，至今還經歷過許多
實驗的考驗及驗證。

$^{6}_{8}$ 一般相對論與宇宙

於現代宇宙論登場的黑洞（black hole）及大爆炸理論（Big Bang Cosmology）等，皆是以一般相對論為基礎。

重力透鏡

藉由觀測日全蝕，可以發現因為太陽質量所造成的空間扭曲，亦會改變光線的行進路線。當質量非常大時，光線的行進路線彎曲應該會更加顯著。例如，聚集非常多恆星的銀河系，擁有太陽無法匹敵的巨大質量，因此，我們可以說若對象是銀河的話，光線就會產生大幅度彎曲。

如同銀河等巨大的重力來源，當光線呈現大幅度彎曲時，我們可以看到其背後有許多恆星，亦可以看到光線呈現圓弧狀，因此會產生比原來看得更清楚的現象。因重力而產生扭曲的空間，可以說是因為透鏡的

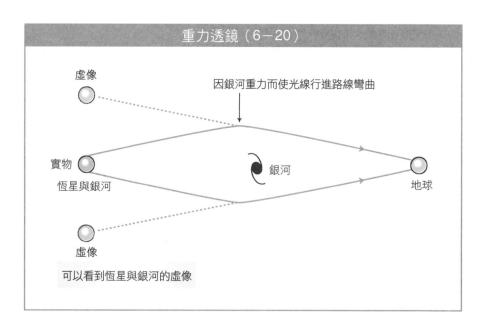

重力透鏡（6-20）

虛像

因銀河重力而使光線行進路線彎曲

實物　　恆星與銀河

銀河

地球

虛像

可以看到恆星與銀河的虛像

作用，因此，這樣的現象就被稱作「重力透鏡效果」。

　　宇宙物理學中，使用重力透鏡效果進行宇宙觀測會變得日益重要。雖然觀測像暗物質（dark matter）這種不會閃爍的物質非常困難，但是，我們可以藉由重力背後的天體亮度所產生的變化來觀測。此外，我們也可以藉由重力透鏡效果，將其視為一個天然的天體望遠鏡來觀測銀河。為了探求宇宙的起始來源，對於觀測接近宇宙起始時的天體狀況來說，觀測更遙遠的宇宙狀況是相當重要的。然而，距離越遠會變得越黑暗。因此，可以利用因為重力透鏡效果而變得明亮的部分來進行觀測。

■ 黑洞

　　重力透鏡現象是恆星及銀河所造成的光線行進路線彎曲現象。此時，若重力過於強勁，則不只是光線的行進路線會變得彎曲，甚至也有可能造成恆星被吸入、消失的現象。

　　第 3 章中有提過「第 2 宇宙速度」，那是指欲脫離地球的速度。我們也可以用同樣的想法求得欲脫離某顆恆星的速度（脫離速度）。當恆星半徑越小，或者恆星質量越大時，脫離速度亦會變大。因此，當脫離速度超越了光速，就會產生連光線都無法逃逸的狀態。若是真有這樣的恆星存在，因為不會有光產生，所以會成為一顆不會閃爍的恆星。這就是所謂的「黑洞」。

　　以上論述中，我們先用牛頓力學來討論，這樣會比較容易理解。然而，原本要處理這些強勁的重力必需要用一般相對論來解，如此理論性的考察方式是於 1939 年由歐本海默（J Robert Oppenheimer，1904～1967）所提出。黑洞本身則是於 1970 年前後，經由 X 光線天文學的發展而被發現。此外，「黑洞」這個名字也是在當時被命名的。

　　讓我們用脫離速度再深入探討。脫離速度的條件等於光速 c，也就是可以從「脫離速度＝c」的公式，將半徑 r 的恆星用萬有引力係數 G 以及恆星質量 M 來表現出 $r = \dfrac{2GM}{c^2}$ 的公式。意思是指若擁有質量 M 的

某個星球半徑 r 比 $\dfrac{2GM}{c^2}$ 來得小，則脫離速度就會變成光速。也就是說，我們可以將這個值視為黑洞的半徑。

上述所求得的黑洞半徑數值，剛好與使用一般相對論所導入的黑洞半徑——史瓦茲半徑（Schwarzschild radius）一致，因此我們可以直接使用上述的結果。在此，就讓我們來思考若有一天太陽在何處消失了，是否會成為一個黑洞吧！太陽的質量為 $M = 2 \times 10^{30}$，用半徑公式即可求得太陽質量約為 3 公里。由於太陽半徑約為 70 萬公里，因此若要成為一個黑洞，則它必需壓縮得非常辛苦。實際上太陽即使到了星球末期，它也不會成為一個黑洞。黑洞被認為是因為某個比太陽重很多的星球，因為超新星爆炸所產生的。

物理學也研究這類星球的構造及超新星的爆炸的現象。此外，最近也出現「銀河中心有個超巨大黑洞」的話題，然而究竟是如何產生的？目前物理學者們也正在努力研究中。

■靜態宇宙 vs 宇宙膨脹

將宇宙間所有的物質代入「愛因斯坦場方程式」會得到什麼答案呢？宇宙間所有的物質是否能夠決定宇宙時空扭曲的狀態？若答案是可行的，那麼是否可以知道宇宙會變成什麼樣子呢？

愛因斯坦發表一般相對論後，愛因斯坦場方程式立刻適用了整體宇宙狀況。愛因斯坦相信不會隨著時間改變的，是沒有開始亦沒有結束的東西（靜態宇宙）。然而，當我們解開這個方程式後，卻發現宇宙的大小會因為時間的變化而崩塌。愛因斯坦為了不讓宇宙被重力擊潰，因此將原本被用來因應萬有斥力，被稱為「宇宙項」的東西，加入愛因斯坦場方程式。

原本的愛因斯坦場方程式僅包含萬有引力係數 G 與光速 c，這兩個已經被世人理解的物理係數。然而，加上「宇宙項」之後，其強度就變

成一個新興的未知係數。此外，萬有斥力的物理性根據也不是很明確。愛因斯坦卻寧可如此犧牲，也要拘泥於靜態的宇宙觀點。

另一方面，1922 年弗里德曼（A Friedman，1888～1925）解開了沒有宇宙項的愛因斯坦場方程式，並表示宇宙是會膨脹也會收縮的。之後，根據這樣的結果，拉邁特（Georges Henri Lemaitre，1894～1966）提出了宇宙膨脹論。然而，究竟宇宙是靜態的還是會膨脹的，這些並無法單純用理論來決定。必需經過實際的宇宙觀測。

觀測銀河並提出宇宙膨脹證據的是天文學家哈柏（E Hubble，1889～1953）。1929 年哈柏藉由調查來自銀河的光線波長，測量遙遠銀河的距離與速度，並表示所有的銀河皆會以與地球距離成正比的速度持續遠離地球。不只是理論，即便是用觀測的方式也可以明確知道宇宙是會膨脹的。

愛因斯坦接受了這樣的觀測結果，並且懊悔承認加上宇宙項是其「生涯中最大的過錯」。話雖如此，經過半世紀後，宇宙項卻在更進一步的宇宙論──「宇宙暴脹論」（Inflation）中再度復活，並負有重要的意義。事實上，宇宙項並不一定是錯誤的。

■ 大爆炸理論

探討宇宙膨脹時，若回溯到過去，宇宙的尺寸即會變小。並且在那個開始的瞬間，宇宙的尺寸應該為零。於是，便產生「宇宙開始的瞬間」問題。雖然宗教中也有宇宙開始之說，但是物理學是在追求自然法則中，獲得這些宇宙觀的。此外，和宗教不同的是，物理學可以用理論且定量的方式來說明宇宙觀點。

學者根據觀測宇宙膨脹速度，求得宇宙年齡，並推測現在宇宙的年齡是 137 億年。也就是說，137 億年前，宇宙是從當初的 1 小點而展開大爆炸的，並且持續膨脹至今。這就是所謂的「大爆炸理論」。

「宇宙因為發生大爆炸，而開始處於火球的狀態。」大爆炸理論的

其他驗證是於 1965 年，由彭齊亞斯（Arno Allan Penzias）和威爾遜（Robert Woodrow Wilson）偶然發現的。他們發現被稱為「宇宙微波背景輻射」的現象，藉由如火球般的爆炸，並從宇宙所留下的光源殘跡中發現了現在的宇宙。由於這個現象是從分析來自宇宙的光線而得知的，因此要借用光與原子的物理學理論。大爆炸這種飛躍式的理論，透過確實的觀測事實，已經逐漸成為無法動搖的理論。

利用愛因斯坦場方程式來表達超越人類想像空間的宇宙相關理論。然而，若要用觀測與實驗來驗證這樣的理論。在此，不可或缺的是光與原子的物理學理論。為了要研究如此廣大的宇宙，我們必需要先從極小的原子世界開始研究。之後，另一本書將從波的物理學開始，論述到原子的物理學，最後再回到這個宇宙問題。

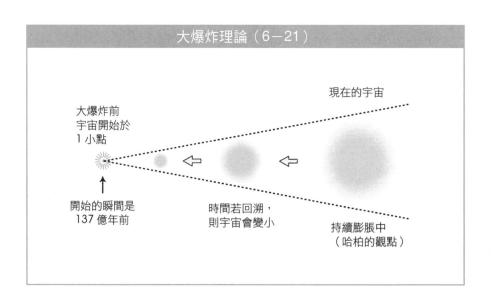

大爆炸理論（6－21）

現在的宇宙

大爆炸前
宇宙開始於
1 小點

開始的瞬間是
137 億年前

時間若回溯，
則宇宙會變小

持續膨脹中
（哈柏的觀點）

GPS 與相對論

　　GPS（全球定位系統）原本是美國國防部用於軍事所開發的技術，最近也開始搭載於導航系統及行動電話，並且用於道路導引及犯罪防治等對我們的生活有用處的地方。

　　那麼，要如何決定位置呢？舉例來說，若想知道平面上的 3 點 A、B、C 間彼此距離 Rkm 的地點，首先，以 A 點為中心畫一個半徑為 Rkm 的圓，然後 B 點、C 點也畫同樣的圓，之後只要求得這三個圓的相交點即可。

　　我們將同樣的概念套用到地球來思考。環繞在地球周圍的人造衛星會發射電波。電波與人造衛星的速度無關，而是以光速發送的。我們在地球上，即可藉由接收這些電波，來測量與人造衛星的距離。最少必需接受到四個點的人造衛星電波後，就可以藉由各個人造衛星為中心的球面交點，求得地球上的相對位置。

　　由於人造衛星是以相當快的速度環繞著地球，若以特殊相對論來看，人造衛星的時間行進會比地球來得緩慢。另一方面，一般相對論，則因為重力強的地方時間行進速度會變得緩慢，因此人造衛星的時間行進會比地球上來得快速。這兩種效果的結果，直指人造衛星的時間行進速度會比地球上來得快速。GPS若想要非常精確地尋找到地面上的位置，就要導入這些相對論的成果才行。

6

相對論

225

後記

　　我這六年間都在大學教授通識物理學，主要對象是以文科系的學生為主。因為實際感受到要對文科系學生，以去除算式的方式講授具有紮實構造的物理學，這實在相當困難，所以每年我都在錯誤中不斷找尋更好的方法。物理學要用算式來表示的抽象概念很多，要能夠不用算式輕鬆了解，並且不會誤會其中的涵義，而且還要使授課內容有趣，實在不是一件簡單的事。實際上，為了避開數學性的論述方式，又要兼顧簡單易懂，一定會讓某些概念及理論變得很模糊。本書中或許也有一些類似之處，當各位覺得有疑問時，這就表示你已經有些物理學的基本概念了。此時，我建議你可以更進一步去挑選帶有算式的書籍來看。

　　此外，若是你想進一步了解特定內容，市面上也有許多專門且容易理解的物理學書籍。若你對個別主題有所興趣，請務必去尋找這類的書籍來閱讀。

　　本書從企劃到寫作內容建議、校正各階段，都受到當初提出撰寫本書的秀和 System 出版社，以及第一出版編輯部的總編輯相當多的協助。此外，本書執筆時也承蒙日本專修大學內許多教授提供的有力建議。我也從與妻子的辯論中獲得許多提示。在此一併表達我深深的謝意。

　　在 2005 年正逢愛因斯坦奇蹟似的一年——1905 年的一百週年，聯合國教科文組織 UNESCO 將 2005 年訂為國際物理年，並且開啟全世界物理學的啟蒙運動。本書雖然晚了一年才出版，但我也希望能藉由我微小的力量為物理學作一些微薄的貢獻。

水崎高浩

索引

國家圖書館出版品預行編目資料

圖解不需算式的物理學 / 水崎高浩作；張萍譯
. -- 初版. -- 新北市新店區：世茂，
2008. 11
面； 公分. --（科學視界；91）

ISBN 978-957-776-924-4（平裝）

1. 物理學

330　　　　　　　　　　　　　97009425

科學視界 91

圖解不需算式的物理學

作　　者／水崎高浩
譯　　者／張萍
主　　編／簡玉芬
責任編輯／李冠賢
外約科普編輯／蔡明芳
封面設計／江依玶
出 版 者／世茂出版有限公司
負 責 人／簡泰雄
登 記 證／局版臺省業字第 564 號
地　　址／（231）新北市新店區民生路 19 號 5 樓
電　　話／（02）2218-3277
傳　　真／（02）2218-3239（訂書專線）
　　　　　（02）2218-7539
劃撥帳號／19911841
戶　　名／世茂出版有限公司
　　　　　單次郵購總金額未滿 500 元（含），請加 50 元掛號費
酷 書 網／www.coolbooks.com.tw
排　　版／辰皓國際出版製作有限公司
印　　刷／長紅印刷有限公司

初版一刷／2008 年 11 月
　三刷／2012 年 4 月

定　　價／280 元

Pocket Zukai Sushiki wo Tsukawazu ni Butsuri ga Wakaru Hon Vol.1
Rikigaku,Denjikigaku,Sotairon Hen
Copyright © 2006 by Takahiro Mizusaki
Chinese translation rights in complex characters arranged with SHUWA SYSTEM CO.,LTD.
through Japan UNI Agency Inc.,Tokyo and Future View Technology Ltd., Taipei